事先做好冷冻与冷藏配菜！

# 天天不重样的营养便当300款

日本主妇之友社　编著
陈亚敏　译

河南科学技术出版社
·郑州·

# 目录

6 早晨轻松制作便当的小秘诀
8 事先做好配菜的注意事项
10 制作完美便当的决定因素
12 便当的基本装盒方法
13 各种各样的便当盒
14 本书的使用说明

Part 1
分门别类
事先做好各种冷冻配菜

以冷冻的猪肉配菜为主菜的便当

16 **番茄酱猪肉便当**
17 **猪肉竹笋春卷便当**
18 **猪肉生姜烧便当**
19 **炸猪排便当**

冷冻的猪肉配菜

20 猪肉生姜烧
21 炸猪排
22 番茄酱猪肉
23 梅干猪肉奶酪卷
24 猪肉竹笋春卷
24 猪肉裹面包糠
25 猪肉酱烧
25 糖醋里脊

以冷冻的鸡肉配菜为主菜的便当

26 **炸鸡块便当**
27 **鸡肉卷蔬菜便当**
28 **鸡肉奶汁烤菜便当**
29 **鸡胸肉青紫苏天妇罗便当**

冷冻的鸡肉配菜

30 照烧鸡肉
31 炸鸡块
32 鸡肉奶汁烤菜
33 鸡肉卷蔬菜
34 橘皮果酱烧鸡胸肉
34 咖喱鸡肉
35 鸡胸肉青紫苏天妇罗
35 七味烧鸡肉

以冷冻的肉末配菜为主菜的便当

36 **迷你汉堡牛肉饼便当**
37 **炸牛肉薯饼便当**
38 **泰国特色烤肉串便当**
39 **莲藕夹肉便当**

冷冻的肉末配菜

40 炸牛肉薯饼
41 迷你汉堡牛肉饼
42 糖醋丸子
43 烧卖
44 莲藕夹肉
44 西式牛肉
45 泰国特色烤肉串
45 鸡肉饼

以冷冻的牛肉和肉类加工品配菜为主菜的便当

46 **青椒牛肉丝便当**
47 **油炸火腿便当**

冷冻的牛肉和肉类加工品配菜

48 丛生口蘑山椒炒牛肉
49 青椒牛肉丝
50 青辣椒熏肉卷
50 牛肉蔬菜卷
51 油炸火腿
51 香肠豆类混合辣炒

以冷冻的海鲜类配菜为主菜的便当

52 **生姜乌贼烧便当**
53 **龙田油炸鰤鱼便当**

冷冻的海鲜类配菜

54 番茄酱炒虾
55 味噌芝麻烧鲑鱼
56 蛋黄酱烧旗鱼
57 炸什锦虾丸
58 油炸白身鱼
58 照烧扇贝
59 生姜乌贼烧
59 龙田油炸鰤鱼

冷冻的菌类和干菜配菜

60 煮萝卜干
60 五目豆
61 生姜煮羊栖菜
61 香炒菌类

## 冷冻的米饭、面类


62 鸡肉牛蒡菜饭
63 海味菜肉烩饭
64 意大利面
65 中式炒面
66 主菜的装盒方法和食用方法一览表


## 用微波炉加热的寒天便当


70 **猪肉白菜卷便当**
71 **浓汤便当**
72 **鳕鱼蔬菜麦片杂烩粥便当**
73 **中式浇汁饭便当**
74 **咖喱鸡肉便当**
75 **炖煮菜便当**


## 食材冷冻的基础知识❶


76 肉的冷冻方法
77 薄肉片、厚肉片
78 肉末
79 肉末的半成品
80 鸡肉
81 熏火腿、熏肉、香肠
82 海鲜类的冷冻方法
83 鱼块
84 小鱼、鱼肉糜
85 其他海鲜产品


## Column


86 如何做出好吃的大米饭


# Part 2
# 各种各样便利的冷藏配菜

## 以冷藏的猪肉配菜为主菜的便当


88 **酱炖猪肉便当**
89 **猪肉炖海带便当**
90 **清炖猪肉便当**
91 **莲藕肉片大杂烩便当**


## 冷藏的猪肉配菜


92 酱炖猪肉
93 清炖猪肉
94 洋葱酱烧炖猪肉
94 猪肉大豆萝卜混合炖
95 莲藕肉片大杂烩
95 猪肉炖海带


## 以冷藏的鸡肉配菜为主菜的便当


96 **醋腌炸鸡翅便当**
97 **日式筑前煮便当**
98 **咖喱煮鸡肉鹌鹑蛋便当**
99 **鸡肉叉烧便当**


## 冷藏的鸡肉配菜


100 鸡肉叉烧
101 日式筑前煮
102 盐水鸡
102 土豆炖鸡
103 咖喱煮鸡肉鹌鹑蛋
103 醋腌炸鸡翅


## 以冷藏的牛肉配菜为主菜的便当


104 **韩式牛肉咸烹海味便当**
105 **大葱牛肉煮便当**


## 冷藏的牛肉配菜


106 大葱牛肉煮
107 韩式牛肉咸烹海味
108 竹笋味噌煮牛肉
108 生姜烧牛肉
109 蒟蒻煮牛肉
109 洋葱腌泡牛肉


## 以冷藏的肉末配菜为主菜的便当


110 **鸡肉松便当**
111 **油炸豆腐卷肉末便当**


## 冷藏的肉末配菜


112 白菜卷肉末
113 鸡肉松
114 南瓜肉松煮饭
115 土豆炒肉末
116 蒟蒻猪肉丸子
116 油炸豆腐卷肉末
117 肉末蘑菇咸烹海味
117 高野豆腐夹肉煮


## 以冷藏的海鲜类配菜为主菜的便当


118 **金枪鱼块便当**
119 **鲑鱼南蛮渍便当**
120 **根菜炖炸鱼肉饼便当**
121 **乌贼辛辣煮便当**


## 冷藏的海鲜类配菜


122 甘露煮沙丁鱼
123 鲑鱼南蛮渍
124 乌贼辛辣煮
124 味噌青花鱼肉松

125 金枪鱼块
125 根菜炖炸鱼肉饼

冷藏的蔬菜配菜

126 普罗旺斯炖菜
127 蔬菜大杂烩
128 萝卜和油炸豆腐炖菜
128 洋葱煮小干白鱼
129 油炸胡萝卜
129 炸牛蒡

冷藏的菌类、干菜类配菜

130 山椒海带
130 香菇蒟蒻辛辣煮
131 煮制金时豆
131 大豆腌泡汁

Column

132 合理使用便当用的各种调味料

Part 3
色彩斑斓的
配菜和便当单品菜

黄色、橙色小配菜

134 咖喱白菜蒸锅
134 胡萝卜沙拉
135 奶酪杏力蛋
135 日式煎蛋卷
136 味噌腌胡萝卜
136 炒黄椒
137 韩式凉拌南瓜丝
137 烤红薯

红色、粉红色小配菜

138 海苔凉拌红椒
138 红腰豆沙拉
139 小萝卜凉拌蟹肉棒
139 炒鱼肉肠
140 土豆鳕鱼沙拉
140 梅子野姜凉拌鸡胸肉
141 咖喱腌泡红椒
141 红紫苏粉凉拌土豆

绿色小配菜

142 芝麻粉凉拌西蓝花
142 炖小松菜
143 凉拌菠菜
143 油蒸青梗菜
144 青椒拌干松鱼
144 拌焯烤芦笋
145 扁豆角海苔奶酪卷
145 豌豆角拌小干白鱼

适合便当的小甜点

146 腌泡橘子
146 肉桂香蕉
147 红茶腌杏干
147 糖裹炸红薯条
148 糖腌圣女果
148 猕猴桃蜂蜜拌奶酪
149 南瓜茶巾绞
149 酱油烧煎豆

能让米饭好吃的各种腌菜

150 各种简单的腌菜及富于变化的腌菜
米醋山椒腌黄瓜
柠檬腌芹菜
海带丝腌芜菁
海带茶腌白菜
芥末腌茄子
干松鱼芥末腌水菜
151 辣油榨菜腌豆芽
生姜腌青梗菜
紫苏糖醋腌山药
柚子胡椒腌零碎蔬菜
沙拉调味汁腌柠檬味生菜
红紫苏粉腌萝卜黄瓜
152 便当亮点：各种腌制蔬菜
糖醋芜菁腌菜
泡菜汁腌白菜
越南式糖醋腌萝卜胡萝卜
榨菜酱油腌黄瓜
酱醋萝卜
酱油梅肉腌花菜
153 基础泡菜
辛辣咖喱味泡菜
日式酱油味泡菜
辛辣中式口味泡菜

可以事先做好的各种日式金平小炒

154 炒萝卜皮
炒茄子青椒
炒莲藕
155 炒牛蒡胡萝卜
炒土豆丝
炒胡萝卜蒟蒻

别有一番风味，不一样的鱼粉拌紫菜
手工制作的鱼粉拌紫菜大全

156 三色鱼粉拌紫菜
绿色鱼粉拌紫菜
红色鱼粉拌紫菜
黑色鱼粉拌紫菜

157 各种配菜的鱼粉拌紫菜
海苔鳕鱼子鱼粉拌紫菜
海胆肉松鱼粉拌紫菜
紫苏小干白鱼鱼粉拌紫菜
大根菜和干松鱼薄片鱼粉拌紫菜
油炸小干白鱼鱼粉拌紫菜
咸鲑鱼鱼粉拌紫菜

## 料理时间15min以内的一品便当

158 蔬菜油渣盖浇饭便当
159 蘑菇烤鳗鱼便当
160 咖喱炒饭便当
161 三色肉松便当
162 路边摊风格的炒面便当
163 蔬菜满满的墨西哥饭便当

## 只需浇上开水 手工速溶汤、汤菜类

164 姜末裙带菜汤
南瓜汤
梅干贝类汤
金枪鱼黄瓜味噌汤
165 芥末玉米羹
速溶浓菜汤
海带梅干松鱼汤
汤菜

## 早晨10min即可完成的一品配菜

166 蛋类配菜
绿豆黄油煎蛋
咖喱拌鹌鹑蛋
肉末杏力蛋
小松菜煎蛋
167 炼制食品、油炸食品类配菜
鱼肉红薯饼黄油嫩煎
鱼糕拌干松鱼
油炸豆腐拌小干白鱼
圆筒状鱼糕炒青辣椒
168 薯类配菜
咖喱奶酪裹土豆
德式土豆焖熏肉
土豆炖干虾
柠檬煮红薯
169 肉类配菜
芝麻粉凉拌鸡胸肉
蛋黄酱虾
里脊猪肉天妇罗
芥末蛋黄酱烧鲑鱼
170 绿色蔬菜配菜
菠菜炒小干白鱼
小松菜拌紫菜
咸海带炒青椒
榨菜拌菠菜
171 菌类和海藻类配菜
山椒粉煮香菇
舞茸煮咸海带
金针菇煮梅干
煮海带丝

## 忙碌的清晨，可快速制作的饭团大全

172 饭团的制作方法
173 米饭＋各种馅
干松鱼芝麻七味辣椒饭团
梅干芥末饭团
榨菜猪肉烧饭团
蛋黄酱鳕鱼子饭团
炒高菜饭团
奶酪金枪鱼饭团
174 什锦饭饭团
樱花虾＋海苔饭团
咸海带＋野姜饭团
梅子＋小干白鱼饭团
腌萝卜＋青紫苏＋芝麻饭团
羊栖菜饭团
金枪鱼＋咖喱饭团
175 富有变化的饭团
小干白鱼＋大葱饭团
卷肉饭团
煎饭团
鲑鱼＋青紫苏饭团
红紫苏粉＋海带饭团
金枪鱼＋信州菜饭团

## 食材冷冻的基础知识❷

176 蔬菜的冷冻方法
177 叶类、茎类蔬菜
178 果实类蔬菜
179 花类、豆类蔬菜
180 根茎类蔬菜
181 薯类
182 菌类
183 香味蔬菜

184 用于便当调色的各种彩色食材
188 早晨轻松做便当常备的制作工具
用于保存的各种便利工具
189 装盒时用到的各种便利工具
190 料理名称索引
按食材类别、音序排列

# 早晨轻松制作便当的小秘诀

想带着美味的便当去上班，为此需要早起，太痛苦了。那么不妨尝试一下早晨轻松便当的制作配方吧！
当然，在任何配菜都没有的情况下，制作的确需要一定的时间。在有时间、有功夫的时候，
提前做好配菜，制作便当时，只需把配菜放进去，或者加热之后再放进去……
只有一样配菜也可制作出便当，用来点缀普通的生活，让每天的日子充满快乐与温暖。

point* 1

## 制作之后冷冻

在这里，我们向大家推荐的是制作最方便、最简单的配菜，制作之后只需冷冻，而且冷冻的配菜可保存些时日，使用时再简单地加工一下即可。也有很多直接冷冻后就可使用的便当配菜。因为是经过加热制作的，冷冻后的配菜通过低温保存，所以不用担心不卫生。并且配菜自身起了保冷剂的作用，所以自然解冻就可以享用美味。有的菜肴需要用微波炉加热，恢复口感或者杀菌，然后再用来制作便当。另外，脆脆的、咔嚓咔嚓口感的配菜，需要用烤箱加热，恢复其口感，然后再用于便当的制作。

point 2

## 制作之后冷藏

提前制作一些可冷藏、可保存些时日的调味后的配菜，会比较方便。冷藏配菜最大的方便之处在于每次使用时可取所需的分量。这些配菜可用于主菜比较丰富，只需要较少配菜时，或者整体看起来菜量不太够，稍微多添加些，来调整一下菜量。另外，适合冷藏的配菜主要是一些带汤汁的或者菜味比较淡雅温和的，比如腌制品或者一些常用小菜。这些配菜不仅可以用于制作便当，比如当作早饭、晚饭的小配菜，还适合作为定制食谱的基础配菜。比起冷冻配菜，这些配菜容易受外界影响，所以必须十分注意卫生。

*“Point”意为“要点”。

point 3

## 掌握早起食谱

早起制作便当很不容易，而且长久坚持不下去，即使所有的配菜都提前做好，也会觉得很麻烦。主要的配菜可提前制作好，而一些配菜可当时制作，这样既轻松又方便。不用起得太早，10min以内即可制作完成的配菜、仅用平底锅即可做的炒牛蒡丝或者速溶汤类等，如果能够很好地和便当主菜搭配起来，早起制作一样配菜原来如此简单。比如只需加热一下煎鸡蛋、日式煎蛋卷、煮鸡蛋、鳕鱼子等，炒腊肠，加热黄色、绿色蔬菜等。本书介绍了一些常用的配菜，现实生活中还有很多可利用的配菜。

point 4

## 活用市场出售的各种商品

做便当，要持之以恒，最重要的就是不可一次、几次用劲太过。要懂得使用市场出售的罐装的、瓶装的食品或者鱼粉拌紫菜等现成的食材。如果觉得食品搭配的色彩不充分，可采用彩色的模具进行间隔，模具可长期使用。如果有时间的话，调味料盒子和放配菜的容器可以自己来整理归类，当然，使用一般的也可以。在只有简单配菜的情况下，可搭配便利店的饭团；如果菜、肉、米饭煮在一起，可买些炸牛肉薯饼搭配……非常灵活，吃法多样，也是早起便当制作的秘诀之一。一旦习惯之后，你就会明白预先做好便当配菜是多么方便，也会知道哪些搭配组合最方便！本书也介绍了许多用于点缀便当的市场出售的商品，以及其他一些便利的商品，仅供参考！

# 事先做好配菜的注意事项

配菜提前做好保存起来，就意味着有可能会变质、味道不如现做的，
所以做时要特别注意保存环境的卫生。
不要过分相信冰箱，冰箱可不是万能的。
可通过记录配菜的保质期来提醒自己食用期限。

## 保持存放容器清洁

无论是冷冻还是冷藏，要注意存放容器保持清洁。有些细菌即使低温也会繁殖，即使冷冻时不活动，但是装进便当盒之后有可能会繁殖。关于存放容器的消毒，如果是耐热型的，可煮沸或者浇上热水进行消毒，之后用干净的毛巾擦干，或者使用厨用纸巾把水擦干净；如果容器不是耐热型的，用洗涤剂洗后，在热水里涮一下；搪瓷或者玻璃之类的容器比较干净，但是太重，而且玻璃容器容易碎；聚丙烯之类的封闭容器轻便，但是易留污渍，而且易于出现刮痕。

## 使用干净筷子处理

配菜加热完之后处于细菌的威胁中，不仅空气中、手上有细菌，做菜的工具、抹布上等都会有。做好的配菜移到存放容器中时，从存放容器中拿出装进便当盒时，一不注意就会用手拿，这样就容易滋生细菌。切记不能用手触摸食物！用洗干净晾干的筷子来夹菜，每次用完都要用纸巾擦干净，尤其是往存放容器里放时。

## 做好之后尽快凉凉

烹饪好的配菜一定要在完全凉凉之后才能盖上盖子。热时盖上盖子或者没有完全凉时盖上盖子，不容易凉凉，而且会有水滴，不卫生。所以一定要在完全凉凉之后盖上盖子，然后放进冷藏室或冷冻室。把存放容器放到如图所示的铁网上，易于凉凉。如果时间紧张的话，也可使用保冷剂。热时放进冰箱，对冰箱里的其他食物也不好。

## 根据每次用餐量分开摆放

冷冻的配菜，如果一大块冷冻到一起，每次使用时不太方便。所以建议使用小杯子分开，摆放到存放容器里。汤汁比较少的话，也可将烹饪用纸如图所示放在食物中间间隔开，这样比较节省空间，会比较方便。按照每次用餐量将食物分开放到比较小的封闭容器里时，可使用纸杯或者铝箔杯。冷冻之后，可移到专用的冷冻保存袋里，这样比较节省空间。

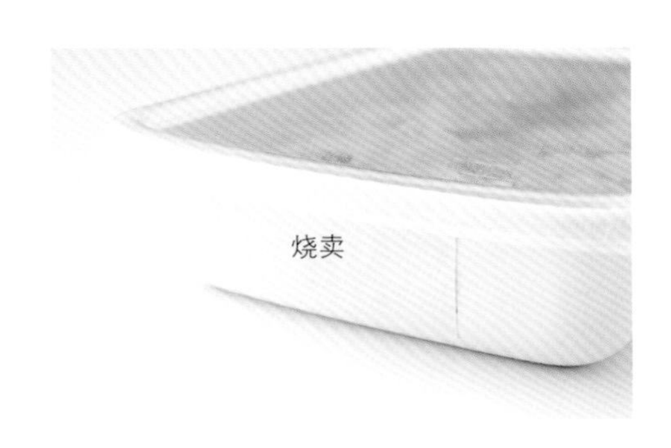


## 贴上带名称和日期的标签

放到存放容器中之后，一定要写上配菜的名称及制作日期。冷冻之后，里面会形成霜，看不清是什么菜。事先做好的配菜可存放些时日，对于便当来讲很重要。为了能尽快食用完，要掌握制作时机。冷藏的配菜贴上标签之后，能马上知道是什么菜，可缩短打开冰箱的时间。使用能揭掉的胶带比较方便，常备一卷吧！

## 尽可能提早冷冻

需要冷冻保存的时候，尽可能提早冷冻，目的是要把温度降低到细菌不容易繁殖的程度。另外，如果食品冷冻不及时，内部会有大量水滴，破坏食品，口感也会变得不好，而且解冻时容易水分过多。快速冷冻的窍门就是将食品尽可能地分开，让其接触导热比较快的金属类材质，比如放到金属托盘里就可缩短冷冻时间。为了美味和安全，请你一定要试一试！

# 制作完美便当的决定因素

制作便当最重要的一点就是要注意卫生。很多情况下，从制作到食用，有相当长的一段时间。
如果有细菌，那么这一段时间内就会繁殖，便当就会变味、变质。
制作完美便当有很多决定因素，比如制作方法、装盒方法、携带方法等。
掌握以下方法之后，相信能做出既美味又能安全食用的便当。

## 凉凉米饭

千万不要把热米饭装进便当盒里，尤其是和冷藏配菜装到一起时，造成冷热不均，容易滋生细菌。所以一定要把米饭凉凉之后再装进去。

## 凉凉配菜

事先做好的冷冻或冷藏配菜可直接装进便当盒里，但是用微波炉或者烤箱重新加热后的配菜，需要完全凉凉之后再盖上盖子。如果时间紧张的话，可使用保冷剂，尽快使其凉凉。

## 切记不能用手触摸配菜

切记不能用手触摸加热后的配菜，因为手上有细菌。尽量避免用手拿事先做好的配菜或者用手拿罐装类的食品。另外，不能用手握煮过的青菜，也不能用手把毛豆从豆荚中剥出。最安全的办法就是使用一次性手套。

## 去除汤汁

便当也不宜使用水分多的配菜。炖菜之类的配菜要尽可能去除汤汁之后再装进便当盒里，以免汤汁对便当整体口感、形状等造成影响。可在有汤汁的配菜旁边放上米饭、干松鱼、海带等吸收水分的食材，宛如一个防波堤。

## 对便当盒进行消毒

要注意保持便当盒的清洁。再怎么注意米饭、配菜的卫生，如果便当盒脏了，一切就变得毫无意义了。参照p.13好好清洗便当盒。长时间携带，尤其是夏天，在用之前一定要用开水消毒。1周用一次消毒剂进行消毒。

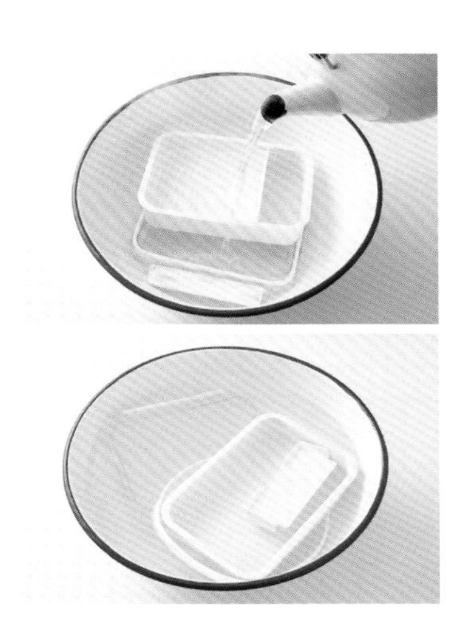

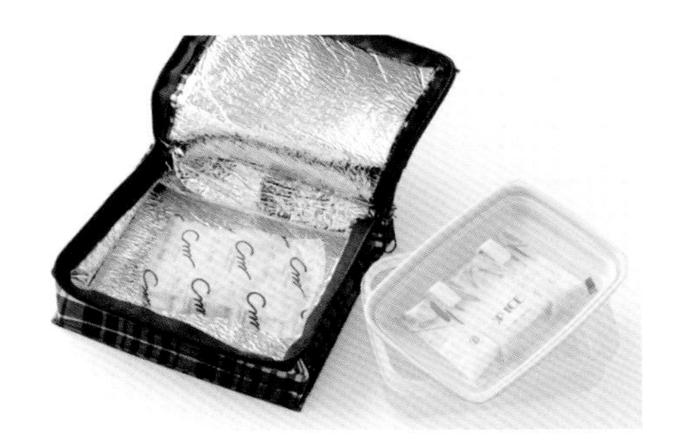

## 灵活使用制冷物品

制作美味便当最应该注意的就是温度。有暖气的房间或者夏天室外温度高的环境，都是细菌繁殖的最佳条件，所以要尽可能地冷藏保存食品。可使用便当专用的保冷剂、制冷物品等。

# 便当的基本装盒方法

既要搭配好色彩，又要协调米饭和配菜，更要注意携带时保持便当的形状，因此需要注意装盒的顺序。一般先装米饭，凉米饭期间，准备配菜。便当各种配菜之间的空间，需要很好地填补上。

**装米饭**

最先开始装的是米饭。根据便当盒的大小，一半装米饭。准备配菜之前要装上，做配菜期间等待米饭凉凉。

**装主菜**

把主要的配菜装到剩余空间的半边。注意冷冻的配菜，要事先切成易于食用的大小。

**装副菜**

在主菜的旁边，考虑色彩搭配，可放入一些副菜。放入2种左右的副菜，便当的形状会比较好看。也可使用小杯子摆放。

**再装一种配菜**

当各种配菜之间还有空间时，可以再装一种配菜。如果还有空间，可放入圣女果。

**撒鱼粉拌紫菜或放腌菜**

在米饭上撒鱼粉拌紫菜或放腌菜，不仅外形好看，味道也好极了。尤其是鱼粉拌紫菜，有各种各样的口味，最适合用来点缀便当米饭了。可以把梅子放在米饭中心，也可以是咸海带或者红紫苏粉之类的食材。

# 各种各样的便当盒

**越来越多的人带便当了，自然而然各种各样的便当盒就出现了。**
**在准备便当盒时，最好考虑到其携带是否方便、容量大小、密封性是否好、是否容易清洗等，**
**选择一款最适合自己的便当盒吧！**

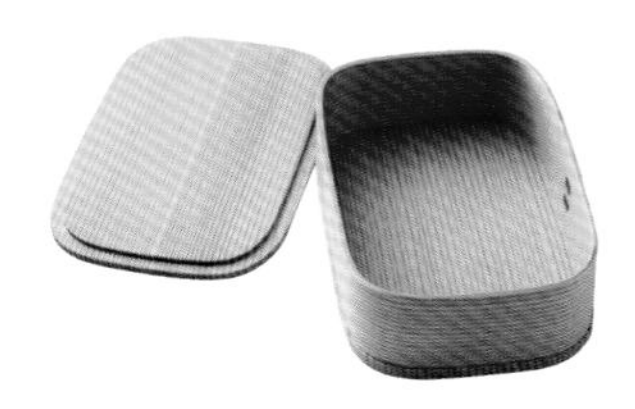

### 木制便当盒

弯曲薄板做成的便当盒。这样的便当盒清洗后易于晾干，而且不容易闷着饭菜，便当的口味比较好。

### 不锈钢便当盒

容易清洗、干净结实，使得金属制的不锈钢便当盒颇有人气，但遗憾的是不能用微波炉加热。

### 双层便当盒

细长的双层便当盒，携带比较方便。吃完之后放进便当袋里，宛如化妆用的粉盒一样精致，从这一点来看，很受女性欢迎，而且米饭和配菜可以分开装，非常方便。

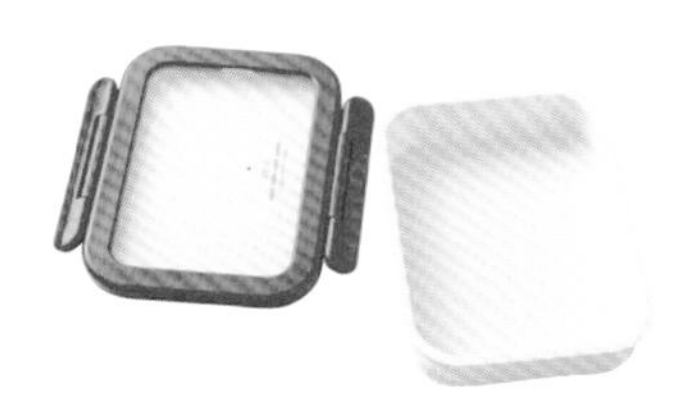

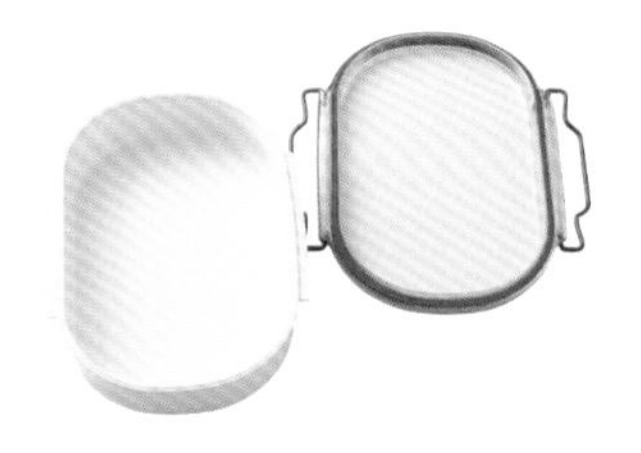

### 塑料便当盒

最常用的一款便当盒。便当盒的内部有时会有隔板，也很方便。因为有衬垫，密封性好，长时间携带也比较放心。各种尺寸的都有，一般最好根据自己的饭量选择适合自己的。

## 便当盒的清洗方法

装上米饭和配菜的便当盒要在常温下长时间携带，所以必须注意保持便当盒的清洁卫生。在这里介绍一下塑料便当盒的基本清洗方法，看似有点麻烦，但是为了健康，最好按照这个程序来进行清洗。

木制便当盒最好使用海绵、中性洗涤剂清洗，涮洗之后，擦掉水，再自然晾干。

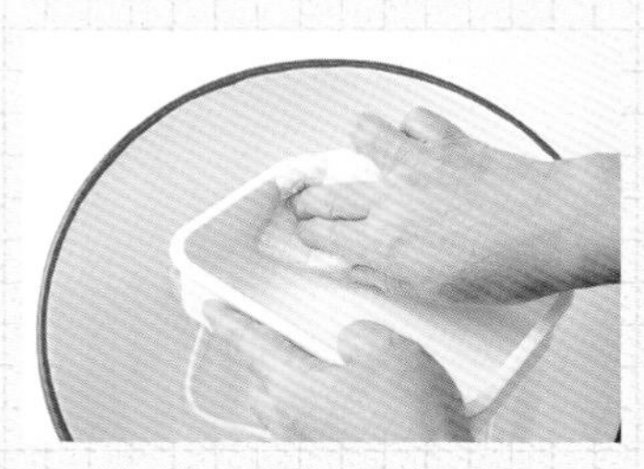

使用蘸有中性洗涤剂的海绵涮洗，尤其是角落的部位，容易有残留。

盖子的背面也要好好清洗，其中用来固定密封的部分也要清洗干净。

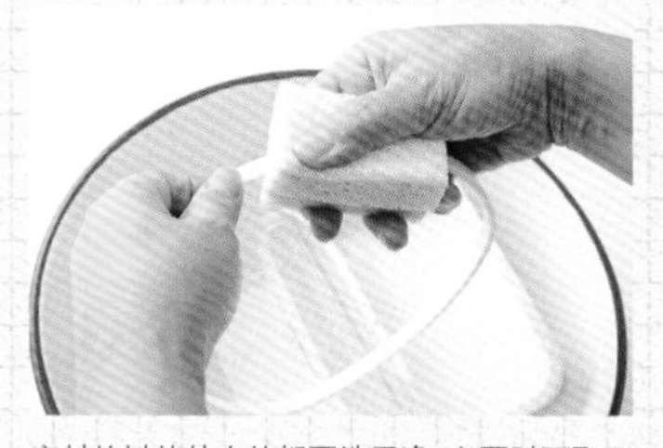

密封的衬垫什么的都要洗干净，必要时可取下来如图所示清洗，做到无残留物。

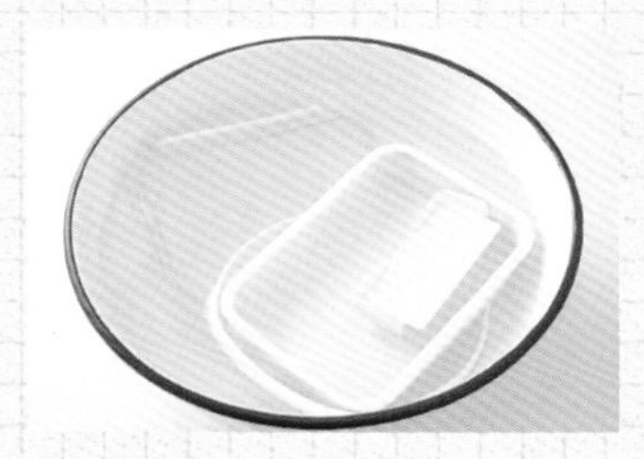

清洗完之后用干净的厨用纸巾擦干。偶尔也要用消毒剂浸泡消毒。

# 本书的使用说明

本书主要介绍了以冷藏、冷冻、早起简单易制的配菜为中心的便当配方。接下来介绍一下本书中出现的常用标记符号。

## 主要标记符号

● 分量一般指的是一次一个人的便当用量。本书介绍的是事先做好的、可供多次使用的分量。根据便当的用量可分开存放每次使用的分量，也可为了存放方便，改变主菜和副菜的分量。建议在制作时，考虑到便当的搭配方法，灵活地对便当配菜用量进行调整。

● 关于装盒，介绍几种早晨装事先做好的配菜的方法。

微波炉加热：用微波炉加热彻底，完全凉凉之后再装盒。加热不充分，口感就会不好。切记要加热充分，完全凉凉。

直接装盒：冷冻、冷藏的配菜可直接装进便当盒里。

烤箱加热：用烤箱只需将配菜加热到脆脆的即可，不需过度加热。当然加热的配菜也需要凉凉之后再装盒。

控除汤汁后装盒：冷藏配菜汤汁多的情况下，参照p.11，控除汤汁之后再装进便当盒里。

● 保存期限一般指的是放进冰箱大约能存放的时间。冷藏室、冷冻室会经常打开，或者会放入一些其他的食物，所以一定要不断地确认，尽可能尽快食用完。冷冻配菜时，直接装进便当盒的保存期限，以及经过微波炉加热后再凉凉、装进便当盒的保存期限都要标记清楚，因为冷冻食物也不是万能的，不要一直冷冻下去。

● 热量一般指的是整体做好的配菜的热量。除此之外，也可标记人均热量。

● 关于便当的装盒方法，在每种配菜的制作方法之后都有介绍。但切记并不是如图所示装盒，一定是一个人一次的用量，可根据便当盒的大小进行调整。

- 1大匙=15mL，1小匙=5mL，1杯=200mL。
- 汤汁一般使用干松鱼或海带做的日式汤汁。也可使用市场上出售的汤料，注意用开水溶解。汤汁可以是清汤，也可以是鸡汤，或者其他肉汤等，这类汤料市场上均有出售。
- 蔬菜类，只要洗干净后去皮、去蒂、去籽儿，都可以。
- 调味料并无特别要求。酱油只要是浓口味的就行。使用上等的白糖。色拉油中的大豆油、玉米油、红花油、葵花籽油等各种植物油都可以使用。
- 微波炉一般设定600W进行加热。500W的时候需要把加热时间调整为600W时的1.2倍。当然，根据微波炉的款型或者大小，加热时间多少会有所不同。加热时一定要注意观察情况。

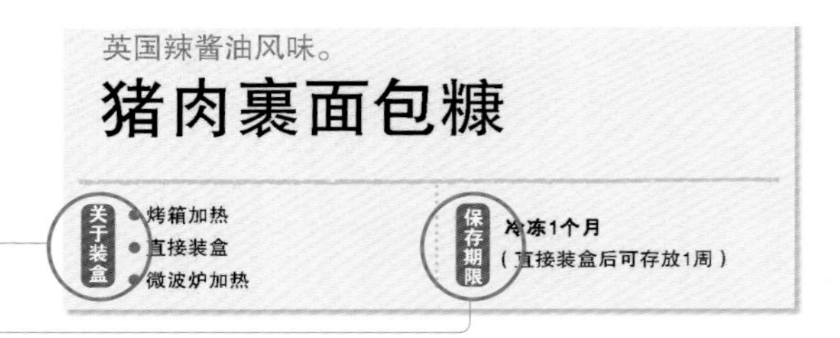


1人份
883kJ

Part* 1

# 分门别类
# 事先做好各种冷冻配菜

料理指导：牛尾理惠

本部分向大家推荐各款事先做好的冷冻配菜。

装盒方法有如下三种：

第一种，直接装盒，食用时自然解冻；

第二种，微波炉加热，完全凉凉之后装盒；

第三种，用烤箱加热至食物酥脆，完全凉凉之后装盒。

直接装盒的保存期限一般是1周左右。

这里要特别提醒的是微波炉或烤箱加热的食物，

一定要在完全凉凉之后再装进便当盒里。

当然直接装的冷冻配菜，也需要考虑一下解冻时间。

一定要记得把解冻的配菜和冷藏配菜搭配组合好！

*"Part"意为"部分"。

只要有冷冻的猪肉配菜，就可做出口感丰富的便当。副菜可从色彩搭配、营养均衡上来考虑。

# 番茄酱猪肉便当

搭配煎荷包蛋之类的副菜，点缀上豆类食物的西式料理便当。

**番茄酱猪肉**

这是一款番茄酱口味的西式料理。厚厚的肉块，给人饱足感，可和面包或者意大利面搭配食用。

▶p.22

**咖喱白菜蒸锅**

和番茄酱猪肉比较搭配的就是白菜和鸡蛋之类的副菜。当然也推荐青菜加拌芝麻的凉菜之类的副菜。

▶p.134

**米饭**

**大豆腌泡汁**

搭配酸味的配菜可增加食欲。可添加补充食物纤维的豆制品。

▶p.131

**什锦八宝酱菜**

这款番茄酱猪肉便当有点像肉丁洋葱盖饭，比较适合添加什锦八宝酱菜作为点缀。

做便当从米饭开始，装完米饭，凉凉米饭期间开始准备配菜。这样一来，就不用担心热米饭对配菜口味造成影响了。

# 猪肉竹笋春卷便当

搭配中餐配菜或西蓝花更是口感丰富。

芝麻粉凉拌西蓝花

因为竹笋春卷颜色比较单一，放些绿色蔬菜比如西蓝花，色彩搭配会更协调。

▶p.142

猪肉竹笋春卷

猪肉竹笋春卷的口感非常好，直接食用就很好吃，也可因人而异添加芥末、酱油等。

▶p.24

番茄酱炒虾

只有春卷太单调了，可增加一种配菜，瞬间提升便当的味道及口感。比如选择中餐食谱中的番茄酱炒虾，色香味俱全。

▶p.54

米饭

在白米饭上撒些白芝麻碎或者芝麻盐，或许味道会更好。

喜欢浓口味配菜的便当，除了调整配菜的用盐量，也可在米饭上下功夫。也许市场上出售的鱼粉拌紫菜太咸了，可撒些芝麻盐、芝麻碎。

# 猪肉生姜烧便当

搭配稍费功夫的副菜即可。

**猪肉生姜烧**

颇受欢迎的猪肉生姜烧加上白菜丝，会更美味。当然时间不充裕也可搭配生菜。

▶p.20

**红紫苏粉凉拌土豆**

脆脆口感的副菜，红紫苏粉色香味俱佳，和米饭搭配食用，味道好极了。

▶p.141

**五目豆**

煮豆子可作为副菜使用，营养均衡，搭配协调。把事先做好的五目豆直接装进便当盒即可。

▶p.60

**梅干**

**米饭**

装配菜、生蔬菜、水果等一定要用干净的筷子。用手或不干净的筷子，会产生细菌。便当携带期间就会造成细菌繁殖，影响便当的卫生，甚至口味也会变得不好。

# 炸猪排便当

把炸猪排放到米饭上，分量充足，口感丰富。

**油蒸青梗菜**

使用油蒸青梗菜作为副菜，营养、口感更协调。也可用凉拌菠菜（p.143）。

▶p.143

**煮制金时豆**

放入一些煮制金时豆，色彩协调。一般都是按分量分开冷冻的。酱油烧煎豆（p.149）也比较适合。

▶p.131

**炸猪排**

炸猪排一般稍微费点功夫，但是事先做好、冷冻之后，再做便当就比较方便了。事先切好再冷冻，比较方便食用，再搭配上喜爱的调味汁更好。

▶p.21

**米饭**

可撒些鱼粉拌紫菜。喜欢酸口味的可放上梅干。

有汤汁的配菜装盒时可选用杯子，这样会比较合适，不用担心汤汁溢出影响其他配菜、米饭的味道。小杯子只要清洗干净，可反复使用，比较节省材料。

# 猪肉生姜烧

关于装盒
- 微波炉加热
- 直接装盒

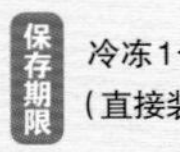
保存期限
冷冻1个月
(直接装盒后可存放1周)

能增加食欲的下饭菜，
由于洋葱、生姜的作用，即使解冻后口感仍很柔软。

**材料**(4人份)

里脊猪肉薄片 ·············8片
盐 ··························少许
洋葱 ·······················半个
生姜 ·······················1块
色拉油 ·····················适量
A 酱油、料酒·········各1大匙
  酒 ··················半大匙

**制作方法**

1 将猪肉去除筋膜，撒上盐。

2 把洋葱、生姜切碎后搅拌，把步骤1的材料放进去，腌制10min左右。

3 在平底锅中放入色拉油加热，将步骤2的材料去汁后放入，两面炒至上色后，把剩余的腌制猪肉的汁和材料A都放入，小火加热使配菜入味。

4 分开放到小杯(硅胶材质，下同)里，再放到存放容器里。凉凉之后盖上盖子，进行冷冻。

point 1

去除猪肉的筋膜，防止炒肉收缩

提前去除猪肉的筋膜，炒时肉不会收缩。

point 2

添加调味料

肉炒之后再加入调味料，像是煮干一样，比较入味。

# 炸猪排

- 烤箱加热
- 直接装盒
- 微波炉加热

冷冻1个月
（直接装盒后可存放1周）

分量充足的配菜莫过于此了。
切好之后再冷冻，使用起来更方便。

1人份
1941kJ

**材料**（4人份）

里脊猪肉厚片 ·············· 4片
盐、胡椒粉 ············· 各少许
A［搅匀的蛋液 ··· 1个鸡蛋的分量
　 色拉油 ················ 1小匙
低筋面粉、面包糠、
色拉油 ················· 各适量

**制作方法**

1 将猪肉去除筋膜，用擀面杖敲松展平。然后用手从四周恢复其本来的形状，撒上盐、胡椒粉。

2 把材料A搅拌均匀。

3 把低筋面粉涂到步骤1的猪肉上，并裹上步骤2的材料后，使其两面都沾上面包糠。用170℃的色拉油炸，之后捞出。

4 凉凉之后切成易于食用的大小，放进存放容器里，盖上盖子，进行冷冻。装进便当盒里时，可添加自己喜欢的调味汁。

point 1

使肉松软

将肉提前去除筋膜，敲松展平，使肉纤维变得松软。

point 2

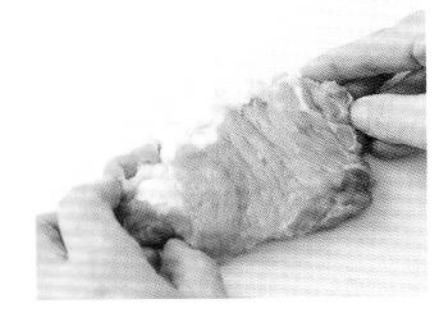

敲松的肉恢复形状

敲松之后的肉，从四周使其恢复到原来的形状，呈现出厚实感。

# 番茄酱猪肉

关于装盒
- 微波炉加热
- 直接装盒

保存期限
冷冻1个月
（直接装盒后可存放1周）

把厚厚的猪肉切成一块一块的，用番茄酱调味。
凉凉之后也是一道比较好吃的西式菜。

1人份
1159kJ

**材料**（4人份）

猪肩肉块……300g
盐、胡椒粉……各少许
丛生口蘑……适量
洋葱……半个
大蒜……1瓣
A 番茄酱……4大匙
A 英国辣酱油、酒……各2大匙
色拉油……2小匙
酒……2大匙
低筋面粉……1大匙

**制作方法**

1 把猪肉用擀面杖敲松展平。切成一口能食用的大小，撒上盐、胡椒粉。用手把丛生口蘑掰开。

2 把洋葱、大蒜切碎，和材料A混合，把猪肉放进去腌制15min左右。

3 在平底锅中放入色拉油加热，将步骤2的材料去汁后放入，整体炒至上色后，把丛生口蘑放进去，放些酒，盖上盖子，用小火焖炒3min左右。

4 肉炒好后，把腌制猪肉的汁儿倒进去混合，把低筋面粉过滤进去，混合炖煮。

5 分开放到小杯里，再放到存放容器里。凉凉之后盖上盖子，进行冷冻。

point 1

预先调味，使肉松软

用洋葱、大蒜腌制猪肉时，不仅可以调味，还可使肉变得松软。

point 2

用低筋面粉勾芡

材料中有时可能会有水分或者汤汁，可通过加入低筋面粉勾芡来调整其浓度。

# 梅干猪肉奶酪卷

关于装盒
- 直接装盒
- 微波炉加热

保存期限
冷冻1个月
(直接装盒后可存放1周)

酸酸的梅干和浓浓的奶酪粉非常相配，
即使薄肉片也会让你吃出饱足感的一道配菜。

**材料**(4人份)

猪肉薄片……………… 12片
盐、胡椒粉…………… 各少许
梅干……………………4个
奶酪粉………………… 2大匙
色拉油………………… 2小匙
酒……………………… 2大匙

**制作方法**

1 把猪肉一片一片展开，撒上盐、胡椒粉。

2 将梅干去核，敲松，做成糊状。

3 把步骤2的材料等份涂到步骤1的猪肉上，撒上奶酪粉，从一端开始卷起来。

4 在平底锅中放入色拉油加热，将步骤3的材料卷起结束的部位朝下，放进平底锅内，一边翻着一边将肉卷整体煎至上色，然后放些酒，盖上盖子，用小火焖炒3min左右，将肉卷内部煎熟。

5 并列放到存放容器里，凉凉之后盖上盖子，进行冷冻。

1人份
841kJ

point 1

**把梅干做成糊状**

梅干去核，用刀背把果肉敲松，做成糊状。

point 2

**把梅肉和奶酪粉卷进去**

卷好之后，轻轻握一下固定住其形状。

混合食材制作的简单配菜。

# 猪肉竹笋春卷

- 烤箱加热
- 直接装盒
- 微波炉加热

保存期限
冷冻1个月
（直接装盒后可存放1周）

## 材料（4人份）

猪肉薄片……………150g
煮竹笋………………100g
大葱丝………半根的分量
A
- 盐、胡椒粉……各少许
- 酱油、
- 太白粉………各1大匙
- 砂糖……………2小匙

春卷皮………………6片
低筋面粉、
色拉油……………各适量

## 制作方法

1 把猪肉、竹笋、大葱丝放进小盆里，加入材料A，搅拌均匀。

2 把春卷皮斜着切成两半，把步骤1的材料等份包进去，两端用水涂上低筋面粉固定其形状，一共做12根。

3 把步骤2的材料放入160℃的色拉油中炸，上色后捞出来。

4 凉凉之后放入存放容器里，盖上盖子，进行冷冻。

英国辣酱油风味。

# 猪肉裹面包糠

- 烤箱加热
- 直接装盒
- 微波炉加热

冷冻1个月
（直接装盒后可存放1周）

## 材料（4人份）

里脊猪肉块…………300g
盐、胡椒粉………各少许
英国辣酱油…………2小匙
A
- 切碎的芹菜……3大匙
- 面包糠…………8大匙

橄榄油……………3大匙

## 制作方法

1 把猪肉切成1.5~2cm厚的块，用擀面杖敲松展平，撒上盐、胡椒粉，放上英国辣酱油。

2 把材料A搅拌均匀后涂到步骤1的材料上，然后并列放进放有橄榄油的平底锅里，用锅铲摁压，使其两面都能煎熟。

3 凉凉之后放入存放容器里，盖上盖子，进行冷冻。装进便当盒里时根据个人喜好可放入柠檬片。

这道菜关键在于用辣椒浓缩味道。

# 猪肉酱烧

- 微波炉加热
- 直接装盒

保存期限 冷冻1个月（直接装盒后可存放1周）

## 材料（4人份）

里脊猪肉厚片 ········400g

色拉油 ··············2小匙

A
- 味噌、砂糖、料酒 ·········· 各1大匙
- 一味辣椒 ······· 半小匙
- 酱油 ············· 1小匙

## 制作方法

1 把猪肉切成易于一口吃下的块状。把材料A搅拌均匀。

2 在平底锅中放入色拉油加热，把猪肉并列放入，整体煎至上色后，盖上盖子，小火焖煎3min左右，使猪肉内部煎熟。

3 用厨用纸巾吸取多余的油，放入材料A，搅拌均匀。

4 分开放入小杯里，再放入存放容器里。凉凉之后盖上盖子，进行冷冻。

把薄薄的肉做成肉团，松软可口。

# 糖醋里脊

- 直接装盒
- 微波炉加热

保存期限 冷冻1个月（直接装盒后可存放1周）

## 材料（4人份）

里脊猪肉薄片（涮锅用）······300g（16片）

盐、胡椒粉········ 各少许

太白粉 ··············· 适量

色拉油 ··············2大匙

酒 ···················1大匙

A
- 酱油 ·········· 1½大匙
- 砂糖 ·············2大匙
- 酒、醋 ······· 各3大匙
- 生姜汁 ··········1小匙

B
- 太白粉、水 ·········· 各1½小匙

## 制作方法

1 将猪肉一片一片展开，撒上盐、胡椒粉。卷起来做成肉团子，涂上太白粉。

2 在平底锅中放入色拉油加热，把步骤1的材料放进锅内，整体煎至上色后，翻过来，洒些酒，盖上盖子，小火焖煎3min左右，使猪肉内部煎熟。

3 把材料A搅拌均匀之后倒进步骤2的锅里搅拌均匀。将材料B搅拌均匀后放入锅内勾芡。

4 分开放入小杯里，再放入存放容器里。凉凉之后盖上盖子，进行冷冻。

以鸡肉为主菜，可有多种做法。提前制作，百吃不厌，量大味美，瞬间即可完成。

# 炸鸡块便当

炸鸡块和日式煎蛋卷是配菜中永恒不变的搭配。

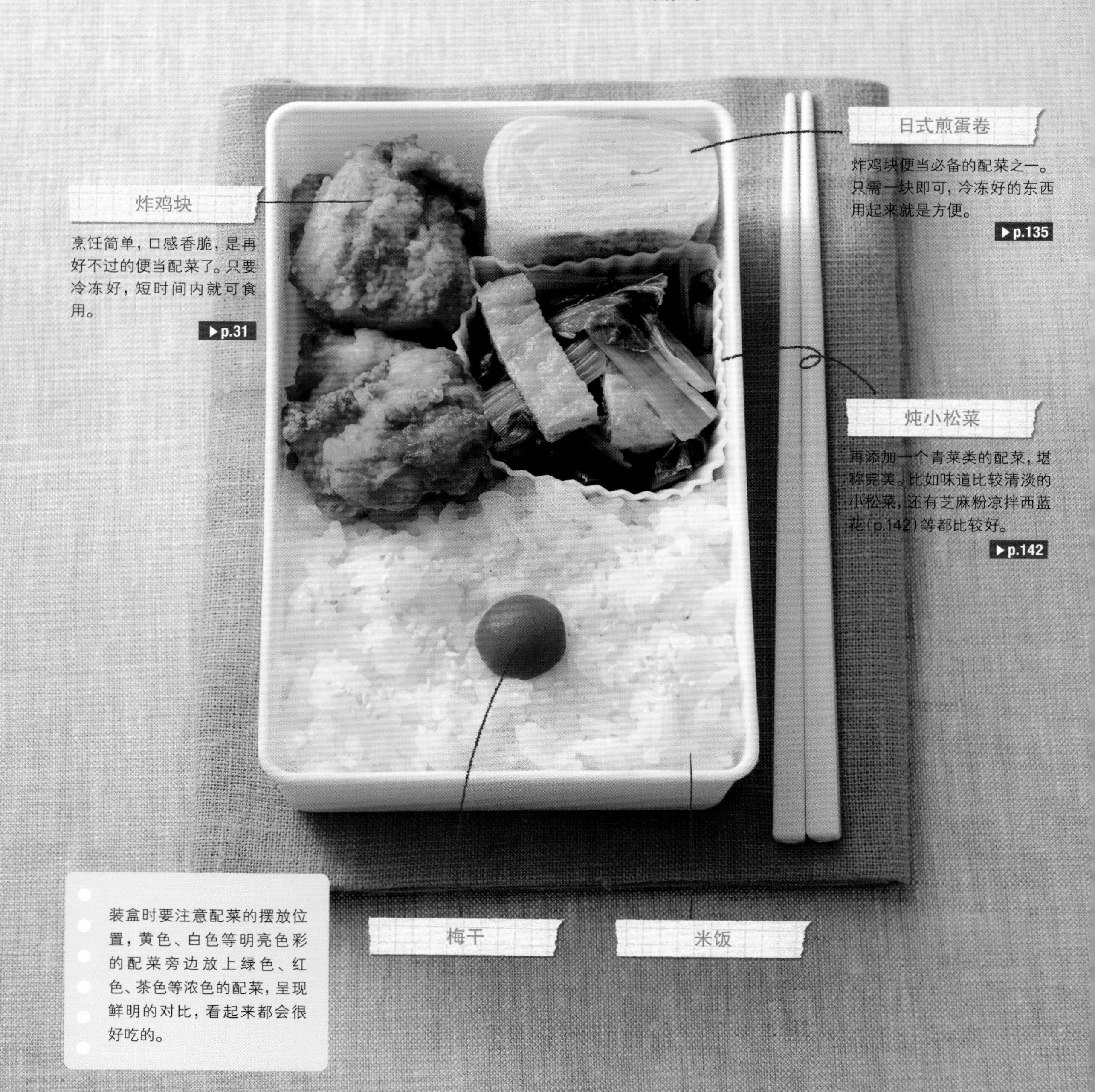


装盒时要注意配菜的摆放位置，黄色、白色等明亮色彩的配菜旁边放上绿色、红色、茶色等浓色的配菜，呈现鲜明的对比，看起来都会很好吃的。

# 鸡肉卷蔬菜便当

三种口味清淡的日式配菜，做出一道美味健康的便当。

鸡肉卷蔬菜

鸡胸肉搭配蔬菜，口感很好，色彩协调，颇似一道上档次的便当配菜。

▶p.33

青椒拌干松鱼

煮过的青椒凉拌干松鱼片，放点酱油，简单易做，很好的下饭菜，能增强食欲。

▶p.144

生姜煮羊栖菜

稍浓口味的羊栖菜搭配生姜，能让便当的口味提升不少。虽是副菜，却忍不住想吃、想做。

▶p.61

米饭

米饭上撒些红紫苏粉，香味和少许的酸味，可瞬间提升食欲。

做便当切忌有汤水。汤水多便当容易滋生细菌，不卫生，影响便当的口感。放生鲜蔬菜或水果时，一定要洗干净晾干，不要有水分。

# 鸡肉奶汁烤菜便当

鸡肉奶汁烤菜和海味菜肉烩饭，颇具人气的搭配组合。

**鸡肉奶汁烤菜**

做好之后，将鸡肉奶汁烤菜放到杯子里冷冻，所以装盒时可直接使用。

▶p.32

**胡萝卜沙拉**

色彩亮丽的蔬菜沙拉可让便当赏心悦目。记得控除汤汁后装盒，可装到小杯子里，会更安全。

▶p.134

**海味菜肉烩饭**

冷冻的海味菜肉烩饭用微波炉加热后装盒。尤其是没有白米饭时，可使用海味菜肉烩饭来代替。

▶p.63

生菜等带叶的蔬菜可用来调整便当的色彩搭配，也可作为配菜与配菜之间的间隔物。但是要注意不要有水分，洗干净之后可用纸巾把水吸干。

# 鸡胸肉青紫苏天妇罗便当

将主菜摆放到米饭上，颇有盖浇饭风格。再添加些色彩亮丽的配菜会更好。

豌豆角拌小干白鱼

豌豆角拌小干白鱼色彩协调，是搭配米饭的最佳选择。尤其是用小干白鱼填补配菜之间的空间再合适不过了。

▶p.145

味噌腌胡萝卜

主菜味道清淡，所以可选择口味浓一点的副菜。山椒海带（p.130）之类的配菜也不错。

▶p.136

鸡胸肉青紫苏天妇罗

这是一道颇有天妇罗盖浇饭风格的便当，而且量足味美。冷冻装盒时，一定要等米饭凉凉之后。也可根据自己的喜好添加点天妇罗酱汁。

▶p.35

米饭

配菜装盒时，一般先装主菜。一般先是肉类、海鲜类主菜，之后搭配调色的副菜，这样一来，整体就比较平衡了。切记按照米饭、主菜、副菜的顺序装盒。

# 照烧鸡肉

- 直接装盒
- 微波炉加热

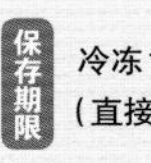


冷冻1个月
（直接装盒后可存放1周）

照烧鸡肉的特点就是咸甜味，
放到米饭上，也有种盖浇饭的感觉，让人很有食欲。

**材料**（4人份）

鸡腿肉……2块
盐……少许
色拉油……1大匙
A 酱油……2大匙
A 料酒……1大匙
A 砂糖……2小匙
A 酒……1小匙

**制作方法**

1 在鸡肉上用叉子扎孔，撒上盐。

2 在平底锅中放入色拉油加热，把步骤1的鸡肉皮朝下放进去。整体煎至上色后，翻过来，两面都要煎好。之后盖上盖子，小火煎5min左右，直至鸡肉里面也煎熟。

3 鸡肉会出油，用厨用纸巾把多余的油吸干净。把材料A搅拌均匀后倒进去混合均匀。不热时，切成易于食用的大小。

4 分开放入小杯里，再放入存放容器里。凉凉之后盖上盖子，进行冷冻。

point 1

**鸡肉扎孔，调味**

防止煎时鸡肉收缩，要提前扎孔调味。

**吸出多余的油脂**

脂肪多了会出油，容易走味，所以一定要吸干净多余的油。

# 炸鸡块

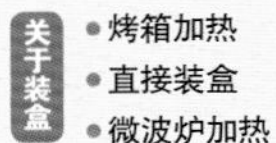

**关于装盒**
- 烤箱加热
- 直接装盒
- 微波炉加热

**保存期限**
冷冻1个月
（直接装盒后可存放1周）

最受欢迎的鸡肉配菜之一，人人皆爱。
即使冷藏，配上豆瓣酱也会很好吃的哟。

1人份
1318kJ

**材料**（4人份）

鸡腿肉……………………2块
盐、胡椒粉…………… 各少许
A ┌生姜末、大蒜末 … 各半小匙
A │豆瓣酱……………… 半小匙
A └酱油、料酒 …… 各1½大匙
太白粉、低筋面粉、
色拉油……………… 各适量

**制作方法**

1 把鸡肉切成块状，撒上盐、胡椒粉。

2 把材料A搅拌均匀，添加到步骤1的材料中，腌制15min左右。

3 把太白粉和低筋面粉按照1∶1的比例混合搅拌，撒到步骤2去除汤汁的鸡肉上，用170℃的色拉油炸。

4 完全凉凉之后，盖上盖子，进行冷冻。

point 1

用盐、胡椒粉调味

炸鸡块最重要的就是调味，在放入其他调味料之前，先撒上盐、胡椒粉。

point 2

调和面衣

把太白粉、低筋面粉按照适当的比例调和，涂到鸡肉表面。

# 鸡肉奶汁烤菜

关于装盒
- 直接装盒
- 微波炉加热

保存期限
冷冻1个月
（直接装盒后可存放1周）

自制的白色调味汁，
虽说不是热气腾腾，也十分好吃。

1人份 761kJ

**材料**（6人份）

鸡腿肉……………………1块
盐、胡椒粉…………… 各少许
洋葱………………………半个
丛生口蘑…………… 半包（50g）
色拉油………………… 1小匙
A
- 黄油、低筋面粉 …… 各25g
- 牛奶 ……………………1杯
- 盐、胡椒粉 ………… 各适量

**制作方法**

1 制作白色调味汁。熔化材料A中的黄油，把低筋面粉分2~3次放进去，用木铲搅拌均匀，小火炒。然后一点一点加入牛奶，做成糨糊状，加入盐、胡椒粉调味。

2 把鸡肉切成块状，撒上盐、胡椒粉。把洋葱切碎，丛生口蘑掰开。

3 在平底锅中放入色拉油加热，把鸡肉放进去煎。整体上色后，放入洋葱和丛生口蘑，翻炒均匀。之后盖上盖子，小火焖煎，直至鸡肉里面也煎熟。

4 加上白色调味汁，等份倒入耐热的小杯里，用200℃的烤箱烤10min左右，直到表面上色。

5 从烤箱中拿出来，完全凉凉之后，放到存放容器里，盖上盖子，进行冷冻。

point 1

**制作白色调味汁的小窍门**

添加牛奶时，一定要一点一点地添加，边添加边搅拌，使之入味。

point 2

**放进耐热容器里进行烘烤**

把小杯并列放到耐热容器里进行烘烤，不容易变形，而且容易烘烤。

# 鸡肉卷蔬菜

关于装盒
- 直接装盒
- 微波炉加热

保存期限
冷冻1个月
（直接装盒后可存放1周）

肉质鲜嫩的鸡肉搭配脆生生的蔬菜，味道极好，尤其是大葱甜甜的口感。

**材料**（6人份）

鸡胸肉……2块
扁豆角……6根
胡萝卜……半个
大葱……半根
盐……少许
色拉油……1小匙
酒……1大匙
A［味噌、酱油……各1大匙
　 料酒……2大匙

**制作方法**

1 从鸡肉最厚处下刀，切开，薄薄地展开，撒上盐。

2 将扁豆角掐去头尾，胡萝卜、大葱切成细丝，放到步骤1的鸡肉上卷起来，用细线系上。

3 在平底锅中放入色拉油加热，把鸡肉卷放进去煎，边翻边煎。整体上色后，洒上酒，之后盖上盖子，小火焖煎10min左右，直至鸡肉里面也煎熟。

4 用厨用纸巾吸取多余的油，加入搅拌均匀的材料A，边翻边混合入味。

5 完全凉凉之后，把1根鸡肉卷切成6等份，分别放进小杯里，然后放到存放容器里，盖上盖子，进行冷冻。

point 1

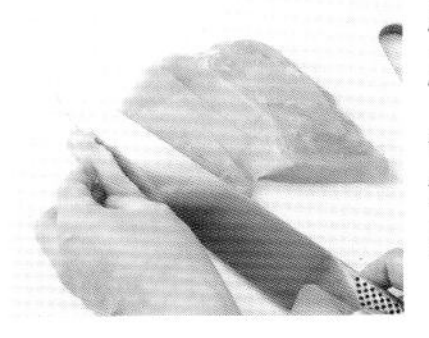

展开、切鸡肉最厚处

在鸡肉最厚处下刀，切开，切成容易卷的厚度。

point 2

边翻边煎，使鸡肉卷入味

为了整体均匀入味，用筷子边翻边煎。

酸甜口味，刺激食欲。

## 橘皮果酱烧鸡胸肉

- 直接装盒
- 微波炉加热

冷冻1个月
（直接装盒后可存放1周）

**材料**（4人份）

鸡胸肉 ·················· 2块
盐、胡椒粉 ·········· 各少许
色拉油 ·················· 2小匙
酒 ························ 1大匙
A ┌橘皮果酱 ·········· 2大匙
  └淡味酱油 ······ 1½大匙

**制作方法**

**1** 把鸡肉切成易于食用的大小，撒上盐、胡椒粉。
**2** 在平底锅中放入色拉油加热，把步骤**1**的鸡肉放进去煎，边翻边煎。整体成为焦黄色后，洒上酒，之后盖上盖子，换成小火，焖煎5min左右，直至鸡肉里面也煎熟。
**3** 加入搅拌均匀的材料**A**，边翻边混合入味。
**4** 等份放入小杯里，然后放到存放容器里。完全凉凉之后，盖上盖子，进行冷冻。

骨肉相连，口感脆酥。

## 咖喱鸡肉

- 直接装盒
- 微波炉加热
- 烤箱加热

冷冻1个月
（直接装盒后可存放1周）

**材料**（4人份）

鸡翅 ······················ 8块
盐、胡椒粉 ·········· 各少许
A ┌大蒜末 ············ 半小匙
  │生姜末 ············ 半小匙
  │蛋黄酱 ············ 1大匙
  │番茄酱 ············ 2大匙
  └咖喱粉 ············ 1小匙

**制作方法**

**1** 把材料**A**搅拌均匀，放进小盆里。把撒上盐、胡椒粉的鸡翅放进去，腌制15min左右。
**2** 在烤箱托盘里摊上锡纸，把鸡翅并列放进去，用200℃的烤箱烘烤20min左右。差不多烘烤上色后，盖上锅盖。
**3** 等份放入小杯里，然后放到存放容器里，完全凉凉之后，盖上盖子，进行冷冻。

口味酥软，盖浇饭风格的便当。

# 鸡胸肉青紫苏天妇罗

关于装盒
- 直接装盒
- 烤箱加热
- 微波炉加热

保存期限
冷冻1个月
（直接装盒后可存放1周）

**材料**（4人份）

鸡胸肉 ……4块（约240g）
盐 …………半小匙
青紫苏叶 …………6片
低筋面粉 …………1大匙
A ┌搅匀的
　 蛋液 … 1个鸡蛋的分量
　 └低筋面粉 ……… 半杯
水 ………… 半杯
色拉油 ………… 适量

**制作方法**

1 将鸡胸肉去除筋膜，切成边长1cm左右的块状，撒上盐。青紫苏叶切成丝，和鸡胸肉混合到一起，裹上少量低筋面粉。

2 往材料A中加入半杯水，混合。然后倒入步骤1的材料里，之后8等分、揉成块。放入170℃的色拉油中，炸好后捞出来。

3 完全凉凉之后，放到存放容器里，盖上盖子，进行冷冻。

有极致辣味的一道烧鸡肉风味的配菜。

# 七味烧鸡肉

关于装盒
- 烤箱加热
- 直接装盒
- 微波炉加热

保存期限
冷冻1个月
（直接装盒后可存放1周）

**材料**（6人份）

鸡翅中 …………8块
盐 ………… 适量
A ┌七味辣椒粉 ……1小匙
　 └低筋面粉 ……2大匙
色拉油 …………1大匙

**制作方法**

1 给鸡翅中撒上盐，然后裹上搅拌均匀的材料A。

2 在平底锅中放入色拉油加热，把步骤1中的鸡翅中放进去煎，边翻边煎。整体煎成焦黄色后，盖上盖子，小火焖煎5min左右，直至鸡肉里面也煎熟。

3 等份放入小杯里，然后放到存放容器里。完全凉凉之后，盖上盖子，进行冷冻。装进便当盒里时，可根据个人喜好，放上柠檬片。

# 以冷冻的肉末配菜

为主菜的便当

这是一款以超有人气、超受欢迎的肉末配菜为主菜的便当。制作时各种蔬菜组合，色彩协调，口感极好。

## 迷你汉堡牛肉饼便当

美味的迷你汉堡牛肉饼，搭配土豆鳕鱼沙拉和各种蔬菜。

**迷你汉堡牛肉饼**

煎成金黄色后冷冻，就像一般市场上出售的一样，可以直接装盒。

▶p.41

**普罗旺斯炖菜**

迷你汉堡牛肉饼的最佳配菜就是普罗旺斯炖菜。因为有汤汁，所以最好装进小杯子里再装盒。

▶p.126

**土豆鳕鱼沙拉**

土豆和汉堡是最佳组合。当然也可用意大利面（p.64），量足味美。

▶p.140

**米饭**

作为装饰，可在米饭上撒些鸡蛋鱼粉拌紫菜。也可根据喜好选择其他的鱼粉拌紫菜。

肉饼类等，需要添加调味汁或番茄酱时，最好另放，这样整体外观比较整齐好看。比如用一些专用的小容器盛或者用保鲜膜包一点放到专用荷包里。

# 炸牛肉薯饼便当

手工炸牛肉薯饼，可搭配色彩亮丽的副菜，做成可爱、味美的便当。

芝麻粉凉拌西蓝花

这里尤其推荐绿色蔬菜，整体均衡美味。也可使用炖小松菜（p.142）。

▶p.142

山椒海带

白米饭比较适合咸烹海味，比如洋葱煮小干白鱼（p.128）。

▶p.130

米饭

咖喱腌泡红椒

红椒的色彩和口感，咖喱的香味，瞬间可提升便当的整体感觉。

▶p.141

炸牛肉薯饼

肉末本身味美，直接食用就很好吃。也可添加喜爱的调味汁。

▶p.40

如图所示，装盒时，切开炸牛肉薯饼装进去。打开便当盒，五颜六色，赏心悦目，还可看见炸牛肉薯饼的食材，比直接装进去两个完整的炸牛肉薯饼要好一些。

# 泰国特色烤肉串便当

烤肉串搭配油炸配菜，量足味美。

**油炸胡萝卜**

蒸过的胡萝卜略有甜味，再用油炸一下，口感会更好。分量比较足，尤其是配菜不够的情况下，特别推荐。当然也可使用炒黄椒（p.136）。

▶p.129

**圣女果**

放入一颗圣女果，点缀色彩的同时，又可补充维生素，一举两得。圣女果是极其便利的蔬菜。

**泰国特色烤肉串**

烤肉串便当，和以往的肉末配菜便当不同，会让你眼前一亮。尤其是饭团便当，首要的配菜就是烤肉串。

▶p.45

**米饭**

米饭上可撒些鱼粉拌紫菜类的海苔，增加色彩和风味。

这款便当的亮点在于点缀的圣女果或者草莓。但是要注意，蔬菜、水果的蒂部比较脏，所以一定要洗干净，并且用纸巾把水擦干。当然最好是去蒂之后洗干净再用。

# 莲藕夹肉便当

看似费功夫的日式便当，其实做起来很简单。

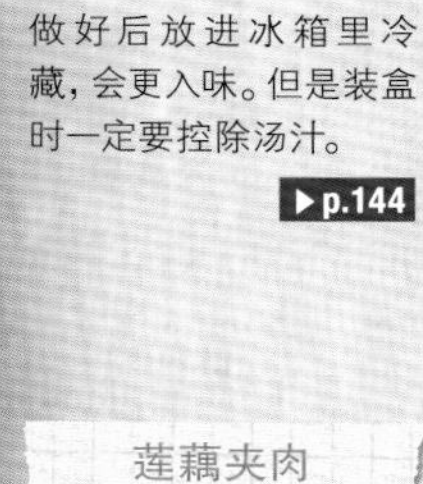

**拌焯烤芦笋**

做好后放进冰箱里冷藏，会更入味。但是装盒时一定要控除汤汁。

▶p.144

**莲藕夹肉**

口感脆脆的莲藕里夹上肉末，煎烧。由于是冷冻食品，所以可以直接装盒。

▶p.44

**照烧扇贝**

因为这款便当主菜味道清淡，量不是很足，所以可选择海味副菜。尤其推荐咸甜味副菜，比较下饭。

▶p.58

**米饭**

米饭上可撒些海苔丝，味道又会不一般。一般的海苔切碎即可。

这款便当的配菜组合不仅考虑到了咸、甜、酸等味道，还考虑到了外观的赏心悦目程度。咸烹海味或者山椒煮肉类，味道比较浓，吃到最后还是很好吃。

# 炸牛肉薯饼

关于装盒
- 烤箱加热
- 直接装盒
- 微波炉加热

保存期限
冷冻1个月
（直接装盒后可存放1周）

肉末使用番茄酱、调味汁调味，即使冷藏也会很好吃。

**材料**（6人份）

土豆……………3个（约400g）
混合肉末………………150g
洋葱……………………半个
盐、胡椒粉…………各少许
色拉油…………………1小匙
A
- 英国辣酱油…………1大匙
- 番茄酱………………1大匙
- 盐、胡椒粉…………各少许

低筋面粉、搅匀的蛋液、
面包糠、色拉油………各适量

**制作方法**

1 将土豆洗干净后，带皮蒸。蒸好后趁热剥掉皮，放到小盆里，捣碎。撒上盐、胡椒粉，搅拌。

2 把洋葱切碎。

3 在平底锅中放入色拉油加热，炒混合肉末，加入洋葱继续炒，炒熟后加入材料**A**搅拌。

4 把步骤**3**的材料加入步骤**1**的材料中搅拌，12等分之后做成圆形。依次裹上低筋面粉、搅匀的蛋液、面包糠，用170℃的色拉油炸，然后捞出来。

5 完全凉凉之后，放到存放容器里，盖上盖子，进行冷冻。装盒时，可根据自己的喜好添加调味汁。

point 1

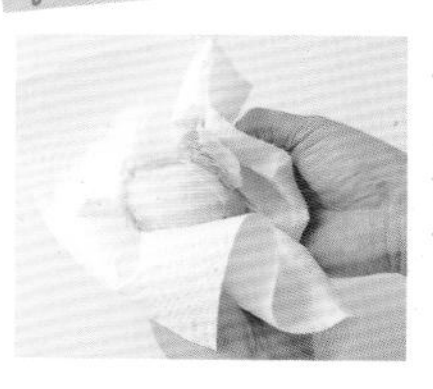

**趁热剥皮**
用纸巾或者厨用布包着土豆，即使热，也能顺利剥皮。

point 2

**混合肉末调味**
用番茄酱、调味汁让混合肉末入味。不过即使什么也不用，味道也不错。

# 迷你汉堡牛肉饼

- 微波炉加热
- 直接装盒

冷冻1个月
（直接装盒后可存放1周）

牛肉末买现成的。
也可以重新煮透当作晚饭的小菜。

**材料**（4人份）

牛肉末 ………………… 400g
洋葱……………………… 半个
色拉油 ………………… 2小匙
A ┌搅匀的
蛋液 ……… 半个鸡蛋的分量
面包糠 ……………… 3大匙
牛奶 ………………… 3大匙
└盐、胡椒粉 ……… 各适量

**制作方法**

1 把洋葱切碎。把平底锅加热后放入1小匙色拉油，炒洋葱。洋葱变软后，铲到托盘上，散热。

2 把肉末放到小盆里，加入步骤**1**的材料和材料**A**，搅拌。

3 把步骤**2**的材料8等分之后做成圆形的饼。把平底锅加热后放入1小匙色拉油，把圆形的饼放进去煎。两面都煎至上色后，盖上盖子，换成小火，焖煎5min，使肉末里面也熟透。

4 完全凉凉之后，放到存放容器里，盖上盖子，进行冷冻。装盒时，可根据自己的喜好添加调味汁或者番茄酱。

point 1

做成圆形的饼

做8个圆形的饼。高中生、大人一般吃2个就可以了，小孩吃1个刚刚好。

point 2

焖煎，使内部熟透

盖上锅盖，加热焖煎，使肉饼内部熟透。

# 糖醋丸子

关于装盒
- 直接装盒
- 微波炉加热

保存期限
冷冻1个月
（直接装盒后可存放1周）

酸甜味的肉丸子，非常适合做便当的配菜。
冷冻时最好放进小杯子里，处理起来比较方便。

1人份
1155kJ

**材料**（4人份）

猪肉末……300g
大葱……半根
生姜……1块
A
- 搅匀的蛋液……半个鸡蛋的分量
- 太白粉……2大匙
- 芝麻油……1大匙
- 盐……半小匙
- 胡椒粉……少许

酒……少许
B
- 番茄酱……3大匙
- 醋、酱油、砂糖、酒……各1大匙

水……2小匙
太白粉、色拉油……各适量

**制作方法**

1. 把大葱、生姜切碎。
2. 把肉末放到小盆里，加入步骤**1**的材料和材料**A**，搅拌。做20个一口可以食用的肉丸子。做时，手上蘸点酒，不容易粘手。
3. 把步骤**2**的肉丸子裹上太白粉，用170℃的色拉油炸，然后捞出来控油。
4. 把材料**B**倒入锅内加热混合，加入2小匙水和太白粉勾芡。之后加入步骤**3**的油炸肉丸子。
5. 放进小杯里，然后放到存放容器里。完全凉凉之后，盖上盖子，进行冷冻。

point 1

大葱、生姜调味

多加点大葱、生姜，即使冷冻也不会走味。

point 2

油炸，糖醋入味

油炸时，注意火候，一定要炸透。之后裹上糖醋酱。

# 烧卖

- 直接装盒
- 微波炉加热

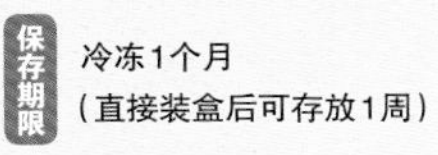

冷冻1个月
（直接装盒后可存放1周）

放进杯子里冷冻，使用起来会比较方便。烧卖用于填充便当配菜的间隔，是很不错的。

1人份
791kJ

**材料**（4人份）

猪肉末 ·················· 200g
水煮扇贝（罐装）·············50g
大葱······················半根
生姜······················1块
A ┌酒···················· 2大匙
　│酱油、太白粉·······各1大匙
　└盐··················· 半小匙
烧卖皮 ··················· 20张

**制作方法**

1 把扇贝放到筐子里，控除汤汁。把大葱、生姜切碎。

2 把肉末放到小盆里，加入步骤1的材料和材料A，搅拌。

3 把步骤2的材料等份放到烧卖皮上，包起来。放到铺有烹饪用纸的蒸笼上，蒸10min左右。

4 放进小杯里，然后放到存放容器里。完全凉凉之后，盖上盖子，进行冷冻。装盒时，可根据自己的喜好添加酱油或者芥末。

point 1

去除扇贝的汤汁

一定要控除扇贝的汤汁，否则烧卖馅容易水分过多。

point 2

铺上烹饪用纸后蒸

烧卖皮容易粘到蒸笼上，所以一定要铺上烹饪用纸。

做起来有点费事，所以要事先做好并冷冻起来。

# 莲藕夹肉

关于装盒
- 微波炉加热
- 直接装盒

保存期限
冷冻1个月
（直接装盒后可存放1周）

1人份
699kJ

**材料（4人份）**

混合肉末……………150g
虾仁…………………50g
大葱………………1/4根
生姜…………………1块
莲藕………1节（约200g）
醋水…………………适量
A［太白粉、酒 … 各1大匙
　 盐………………1小匙］
太白粉………………适量
色拉油……………1大匙

**制作方法**

1 将虾仁去除背肠，大概剁碎。把大葱、生姜切碎。

2 把肉末放到小盆里，加入步骤1的材料和材料A。

3 把莲藕切成厚5mm的半月形，在醋水中浸泡一下，拿出来，擦干水。单面裹上太白粉。把步骤2的肉夹到莲藕里。

4 在平底锅中放入色拉油加热，把步骤3的材料放进锅内煎，盖上盖子，小火煎5min左右，使里面的肉末熟透。之后凉凉。

5 放进小杯里，然后放到存放容器里，盖上盖子，进行冷冻。

把食材放进模具里烘烤即可，简单至极。

# 西式牛肉

关于装盒
- 微波炉加热
- 直接装盒

保存期限
冷冻1个月
（直接装盒后可存放1周）

1个模具
4289kJ

**材料**
（1个18cm×9cm的磅饼模具）

混合肉末……………300g
洋葱………………1/3个
胡萝卜……………1/4根
A［混合豆类（冷冻）…… 80g
　 搅匀的蛋液
　 ……… 1个鸡蛋的分量
　 面包糠…………3大匙
　 法式多蜜酱汁 …… 半杯
　 盐、胡椒粉 …… 各少许］
色拉油………………少许

**制作方法**

1 把洋葱、胡萝卜切碎。

2 把肉末放到小盆里，加入步骤1的材料和材料A，搅拌。混合好后，放进内侧涂有色拉油的磅饼模具里。

3 用200℃的烤箱烘烤30min左右。用竹签扎一下，看看是否有肉汁流出，有的话基本差不多了。

4 从烤箱中拿出，直接凉凉后再从模具里拿出来，切成5~6块。然后放到存放容器里，块与块之间夹上烹饪用纸，盖上盖子，进行冷冻。

具有泰国风味和香味，让人食欲大增。

## 泰国特色烤肉串

关于装盒
- 直接装盒
- 微波炉加热

保存期限
冷冻1个月
（直接装盒后可存放1周）

### 材料（4人份）

鸡肉末……400g
大葱……半根
生姜、大蒜……各适量
香菜……40g

A
- 鱼露……1大匙
- 柠檬汁……2小匙
- 蜂蜜……1小匙
- 搅匀的蛋液……半个鸡蛋的分量
- 面包糠……4大匙
- 胡椒粉……少许

色拉油……2小匙

### 制作方法

1 把大葱、生姜、大蒜、香菜切碎，加到肉末里搅拌，把材料**A**也加进去。

2 把步骤**1**的鸡肉末8等分，穿到扁平的长竹签上，整理好形状。

3 在平底锅中放入色拉油加热，把步骤**2**的材料放进锅内煎。整体煎至上色后，盖上盖子，小火焖煎5min左右，使里面的肉末熟透。

4 完全凉凉之后，放到存放容器里，盖上盖子，进行冷冻。

1人份
937kJ

用大葱、生姜调味，咸甜可口。

## 鸡肉饼

关于装盒
- 微波炉加热
- 直接装盒

保存期限
冷冻1个月
（直接装盒后可存放1周）

### 材料（4人份）

鸡肉末……400g
大葱……半根
生姜……1块

A
- 搅匀的蛋液……半个鸡蛋的分量
- 太白粉……1大匙
- 酱油、砂糖、酒……各1小匙

色拉油……1大匙
酒……2大匙

B
- 酱油、料酒……各1½大匙
- 砂糖……2小匙

### 制作方法

1 把大葱、生姜切碎。

2 把肉末放到小盆里，加入步骤**1**的材料和材料**A**，搅拌。混合好后12等分，并做成如图所示的圆饼。

3 在平底锅中放入色拉油加热，把步骤**2**的材料放进锅内煎。两面煎至上色后，洒些酒，盖上盖子，小火焖煎3min左右，使里面的肉末熟透。

4 用厨用纸巾吸取多余的油，把材料**B**加进去，拌匀。

5 分开放进小杯里，然后放到存放容器里。完全凉凉之后，盖上盖子，进行冷冻。

1人份
1084kJ

灵活使用冷冻的牛肉和肉类加工品配菜，能使一成不变的便当菜谱焕然一新，配菜的搭配组合也非常赏心悦目。

# 青椒牛肉丝便当

牛肉、虾均是冷冻组合，所以简单不费事。

**炸什锦虾丸**

把虾的肉糜油炸酥软，作为一道主要的日式配菜，味道清淡，和口味浓的配菜搭配在一起口感尤其好。

▶p.57

**青椒牛肉丝**

青椒牛肉丝味稍浓，和味淡色浅的副菜搭配尤其好。而且青椒量足，口感清脆。当然也可用莲藕肉片大杂烩（p.95）。

▶p.49

**韩式凉拌南瓜丝**

稍带甜味的素配菜莫过于南瓜了。也推荐甜点式的南瓜茶巾绞（p.149）。

▶p.137

**米饭**

使用圆形便当盒，如图所示装盒摆放，感觉非同寻常。也可使用方形便当盒，但是米饭要斜着摆放或者放到中间，这样会比较好。

# 油炸火腿便当

令人无比怀念的味道，搭配口感清淡的蔬菜。

# 丛生口蘑山椒炒牛肉

- 直接装盒
- 微波炉加热

冷冻1个月
（直接装盒后可存放1周）

山椒粉调味后特别好吃。这款配菜属日式口味，是一道比较适合成人的、与米饭特别相配的便当配菜。

**材料**（4人份）

牛肉片 ………………… 200g
丛生口蘑 …………………1包
色拉油 ……………… 2小匙
**A** 酱油、料酒、酒……各1大匙
山椒粉 ……………… 半小匙

**制作方法**

1 牛肉片要切得易于食用。丛生口蘑一块一块掰开。

2 在平底锅中放入色拉油加热，把牛肉放进去炒。整体上色后，把丛生口蘑放进去炒。

3 把材料**A**放进去混合，炒好后，撒上山椒粉。

4 分开放进小杯里，然后放到存放容器里。完全凉凉之后，盖上盖子，进行冷冻。

1人份
858kJ

point 1

**注意一块一块掰开丛生口蘑**

为了能够和牛肉炒时混合入味，把丛生口蘑一块一块地掰开。

point 2

**最后撒上山椒粉**

整体调味后，再加入山椒粉，马上关火，这样山椒粉才会更好地发挥其香味。

# 青椒牛肉丝

关于装盒
- 直接装盒
- 微波炉加热

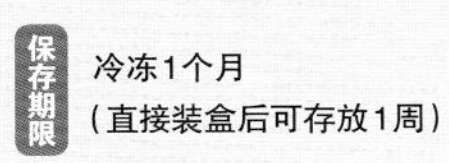

保存期限
冷冻1个月
（直接装盒后可存放1周）

把青椒、竹笋切成细丝，冷冻之后亦可食用。这道配菜蔬菜多，口味均衡。

**材料**（4人份）

牛肉薄片……………………200g
青椒……………………………5个
煮竹笋…………………………100g
盐、胡椒粉……………………各少许
芝麻油…………………………1大匙
A ┌酱油、料酒、酒…… 各半大匙
   └砂糖、蚝油…………各1小匙
水………………………………2小匙
太白粉…………………………1小匙

**制作方法**

1 把牛肉切成细丝，撒上盐、胡椒粉。把青椒、竹笋也切成细丝。

2 在平底锅中放入芝麻油加热，把牛肉放进去炒。整体上色后，把青椒、竹笋放进去炒。

3 把材料A放进去混合，加入2小匙水和太白粉，勾芡。

4 分开放进小杯里，然后放到存放容器里。完全凉凉之后，盖上盖子，进行冷冻。

point 1

把牛肉、青椒、竹笋切成大小一致的细丝

食材大小一致，做好后，口感、外形都会比较好。

point 2

调味料混合后再加入

调味料提前调好，一起加入，这样不仅味道好，而且不容易出水。

青辣椒冷冻后依然保持着原来的颜色和口感。

## 青辣椒熏肉卷

关于装盒
- 直接装盒
- 微波炉加热

保存期限
冷冻1个月
（直接装盒后可存放1周）

**材料**（4人份）

青辣椒……24个
熏肉……8片
色拉油、胡椒粉……各少许

**制作方法**

1 把3个青辣椒如图所示用熏肉卷起来，用牙签固定住。
2 在平底锅中放入色拉油加热，把步骤**1**的材料放进去煎，上色后，撒上胡椒粉。
3 分开放进小杯里，然后放到存放容器里。完全凉凉之后，盖上盖子，进行冷冻。

1人份
573kJ

英国辣酱油调味后，就是不一般。

## 牛肉蔬菜卷

关于装盒
- 直接装盒
- 微波炉加热

保存期限
冷冻1个月
（直接装盒后可存放1周）

**材料**（6人份）

牛肉薄片……12片
青椒……3个
胡萝卜……半根
盐、胡椒粉……各少许
色拉油……1小匙
A 英国辣酱油、酱油……各2小匙
A 蜂蜜……1小匙

**制作方法**

1 把青椒、胡萝卜切成细丝。
2 把牛肉一片一片展开，撒上盐、胡椒粉。把步骤**1**的材料等份放到牛肉上，从一端开始卷。做12个。
3 在平底锅中放入色拉油加热，把步骤**2**的牛肉蔬菜卷卷结束的部位朝下摆放进去，边翻边煎。整体上色后，用小火煎3min左右，让里面煎熟。之后加入材料**A**。
4 大概凉凉后，每根切成两半，分开放进小杯里。然后放到存放容器里，盖上盖子，进行冷冻。

1人份
490kJ

厚厚的火腿肉，吃出醇厚的口感。

# 油炸火腿

- 烤箱加热
- 直接装盒
- 微波炉加热

保存期限 冷冻1个月（直接装盒后可存放1周）

**材料**（4人份）

火腿（7~8mm厚）…… 8片

A
- 低筋面粉 ………3大匙
- 牛奶 …………2大匙
- 搅匀的蛋液 … 1个鸡蛋的分量

面包糠、色拉油…… 各适量

**制作方法**

1 把材料A搅拌好。

2 把步骤1的材料均匀涂到火腿上，并裹上面包糠。用170℃的色拉油炸过后，捞出来控油。

3 完全凉凉之后，放到存放容器里，盖上盖子，进行冷冻。装盒时，可添加自己喜爱的调味汁、番茄酱、蛋黄酱等。

辣椒酱提升便当的口感

# 香肠豆类混合辣炒

- 直接装盒
- 微波炉加热

保存期限 冷冻1个月（直接装盒后可存放1周）

**材料**（6人份）

德国香肠…………… 8根

红腰豆（水煮罐装）……净重100g

洋葱……………… 1/4个

大蒜……………… 适量

橄榄油 …………2小匙

A
- 番茄酱…………4大匙
- 酱油 …………1大匙
- 辣椒粉……… 半小匙
- 盐、胡椒粉 …… 各少许

**制作方法**

1 把香肠切成1cm厚的小块，洋葱、大蒜切成细丝。

2 在平底锅中放入橄榄油和大蒜，加热炒，炒出香味后，放入洋葱，炒软即可。

3 放入香肠，之后把红腰豆放进去，注意控水。加入材料A稍微煮一会儿。

4 分开放入小杯里，然后放到存放容器里。完全凉凉之后，盖上盖子，进行冷冻。

# 以冷冻的海鲜类配菜为主菜的便当

不仅有其他肉类配菜便当，也有海鲜类配菜便当。
提前冷冻好，所以不费事，甚是方便。

## 生姜乌贼烧便当

主菜生姜乌贼烧搭配自家制的烧卖，吃起来美味至极。

**海苔凉拌红椒**

红椒无论色彩还是口感，作为便当配菜都大受欢迎。配菜即使事先做好，也不变色不走味。

▶p.138

**生姜乌贼烧**

生姜能提升乌贼烧的口味，而且可使存放时间变长。使用浓缩的汤汁烹饪而成，所以口感甚好。

▶p.59

**烧卖**

事先做好的烧卖，可提升便当分量。因为是单个冷冻好的，所以可随意放入食用的个数，比较方便。另外，要在烧卖下面铺上生菜叶。

▶p.43

**米饭**

可在米饭上撒些鳕鱼子鱼粉拌紫菜等。

便当装盒时，由于主菜不容易定型，可先放烧卖。一般便当装盒时，先放入不易变形的，之后再放入不易定型的配菜。

# 龙田油炸鲕鱼便当

龙田油炸鲕鱼和菜饭都是简单的解冻即可。

煮萝卜干

干菜类也比较适合做便当的配菜。生姜煮羊栖菜（p.61）或者山椒海带（p.130）也不错。

▶p.60

龙田油炸鲕鱼

龙田油炸鲕鱼之前调味，所以即使凉了也好吃，尤其适合做便当配菜。烹饪时，切成小块比较容易装入便当盒。

▶p.59

炖小松菜

搭配主菜、米饭选择日式副菜，汤汁比较多，容易入味，所以装盒时要去除汤汁，装到小杯里比较好。

▶p.142

鸡肉牛蒡菜饭

龙田油炸鲕鱼和带菜的米饭组合到一起，非常美味。带菜的米饭即使凉了也是很好吃的，非常适合做便当。

▶p.62

前一天晚上打开冰箱，看看都有什么配菜。这样第二天早上起来就不必考虑太多，随手即可制作。在冷冻配菜、冷藏配菜里面确定主菜，之后确定副菜。如果没有太多配菜，也可只做一种配菜。总之，提前想好，做起来就很快了。

# 番茄酱炒虾

关于装盒
- 直接装盒
- 微波炉加热

保存期限
冷冻1个月
（直接装盒后可存放1周）

脆脆的大葱，口感非凡。配菜为甜酸味，不辣，尤其适合孩子。

**材料**（6人份）

虾仁……………………250g
盐、胡椒粉…………各少许
酒……………………2小匙
大葱……………………1根
生姜……………………半块
芝麻油………………2小匙
A
番茄酱…………………2大匙
酱油、砂糖……………各1小匙
酒………………………2小匙

**制作方法**

1 将虾仁去除背肠，加入盐、胡椒粉、酒。

2 把大葱切成1cm长的段，把生姜切成细丝。

3 在平底锅中放入芝麻油和生姜加热，炒出香味后，放入步骤**1**的材料和大葱。炒至虾仁变色后，放入混合后的材料**A**，翻炒。

4 分开放进小杯里，然后放到存放容器里，完全凉凉之后，盖上盖子，进行冷冻。

point 1

虾仁提前调味

撒些盐，然后撒上可以去除腥味的胡椒粉，最后洒上酒。

point 2

大葱切成小段

大葱除了可以增加口感，也可提升便当的分量。

# 味噌芝麻烧鲑鱼

关于装盒

- 直接装盒
- 微波炉加热

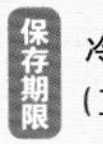
保存期限

冷冻1个月
（直接装盒后可存放1周）

味噌和白芝麻碎的功效是配菜冷冻后照样好吃。建议鲑鱼便宜时，多买些做好放着。

**材料**（4人份）

鲑鱼……………………4块

A
- 味噌、料酒 ………各1大匙
- 白芝麻碎……………1小匙

**制作方法**

1 把每块鲑鱼切成2～3小块。

2 把材料A混合好后，涂到步骤1的鲑鱼的一面。用烤网烘烤，其间快要烤焦时裹上铝箔，继续烘烤，使鱼肉内部烤熟。

3 如图所示，每块做好的鲑鱼用烹饪用纸裹着摆放到存放容器里。完全凉凉之后，盖上盖子，进行冷冻。

point 1

用芝麻碎调制调味汁

芝麻碎可以提味，而且碎末适合给调味汁勾芡。

point 2

用烤网烘烤

鲑鱼单面涂上味噌后烘烤。烤至上色，注意要使鱼肉内部烤熟。

# 蛋黄酱烧旗鱼

关于装盒
- 烤箱加热
- 直接装盒
- 微波炉加热

保存期限
冷冻1个月
（直接装盒后可存放1周）

油炸食品既可做西式配菜也可做日式配菜，搭配组合自由，非常便利。

1人份
1180kJ

**材料**（4人份）

旗鱼……4块
盐、胡椒粉……各少许
A ┌蛋黄酱……1大匙
  └芥末……1小匙
面包糠……适量
橄榄油……4大匙

**制作方法**

1 把旗鱼切成长6～7cm、宽2cm的棒状，撒上盐、胡椒粉。

2 材料**A**混合后，放入步骤**1**的材料，混合好。

3 把步骤**2**的材料放到有面包糠的方平底盘上，轻轻地裹上面包糠。然后把平底锅加热后放入橄榄油，煎烧旗鱼。

4 控油后，完全凉凉，分开放进小杯里，然后放到存放容器里，盖上盖子，进行冷冻。

point 1

涂抹蛋黄酱
注意把蛋黄酱和芥末涂抹均匀。

point 2

轻轻裹上面包糠
食材裹上面包糠后，要轻轻地摁一下，使其无缝隙。

# 炸什锦虾丸

关于装盒
- 直接装盒
- 烤箱加热
- 微波炉加热

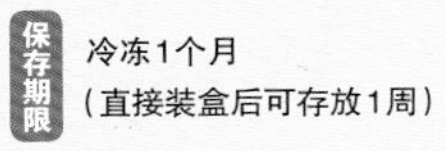

保存期限
冷冻1个月
(直接装盒后可存放1周)

虾仁撒上足够的盐，才能入味。
虾仁有鲜味与咸味，非常适合做便当配菜。

**材料**(4人份)

虾仁……………………300g
洋葱……………………1/4个
咸海带…………………10g
太白粉…………………1大匙
A［酒…………………2小匙
　 盐、胡椒粉…………各少许
B［搅匀的蛋液………半个鸡蛋的分量
　 低筋面粉……………1/4杯
水………………………1/4杯
色拉油…………………适量

**制作方法**

1 将虾仁去除背肠，洋葱切成细丝。

2 把虾仁放进食品加工机里，加入材料A后搅拌打碎。打得不要太碎，之后放到小盆里，加入洋葱、咸海带、太白粉搅拌。把材料B放进另一个小盆里，并加入1/4杯水搅拌，做面衣。

3 手蘸水，把混合好的虾仁做成一口能吃下的小丸子，做16～20个。然后裹上面衣，用170℃的色拉油炸。

4 完全凉凉之后，摆放到存放容器里，盖上盖子，进行冷冻。

1人份
870kJ

point 1

咸海带调味
咸海带非常适合为清淡食品调味。一般作为米饭的常备菜。

point 2

虾仁粗粗打碎
虾仁粗粗打碎即可，这种情况下虾仁最美味。

虽然简单，却百吃不厌。

## 油炸白身鱼

关于装盒
- 烤箱加热
- 直接装盒
- 微波炉加热

保存期限
冷冻1个月
（直接装盒后可存放1周）

**材料**（5人份）

白身鱼块…………………4块
盐、胡椒粉………各少许
低筋面粉……………5大匙
水……………………5大匙
面包糠、
色拉油……………各适量

**制作方法**

1 把每块白身鱼块切成2～3小块，撒上盐、胡椒粉。

2 用低筋面粉和相同量的水做成面衣，裹到步骤1的鱼块上，再裹上面包糠。用170℃的色拉油炸，控油。

3 完全凉凉之后，放到存放容器里，盖上盖子，进行冷冻。装盒时，可根据自己的喜好放些塔塔酱、稍浓的调味汁、柠檬等。

1人份
883kJ

将做生鱼片用的扇贝做成咸甜味。

## 照烧扇贝

关于装盒
- 直接装盒
- 微波炉加热

保存期限
冷冻1个月
（直接装盒后可存放1周）

**材料**（5人份）

扇贝……………………12个
色拉油……………半大匙
A ┌酱油、料酒、
　│酒……………各2大匙
　└砂糖……………2小匙
太白粉……………半小匙
水…………………半小匙

**制作方法**

1 在平底锅中放入色拉油加热，把扇贝放进去，煎到两面都上色。

2 把材料A搅拌后放进去，煮一下。然后把太白粉和半小匙水放进去，混合煮，进行勾芡。

3 分开放入小杯里，然后放到存放容器里。完全凉凉之后，盖上盖子，进行冷冻。

1人份
544kJ

生姜汁、芝麻油调味，引人入胜。

## 生姜乌贼烧

- 直接装盒
- 微波炉加热

冷冻1个月
（直接装盒后可存放1周）

**材料**（4人份）

乌贼……………………2条
小青辣椒……………12个
芝麻油………………1大匙
A［生姜汁…………2小匙
　 酱油、料酒……各2大匙

**制作方法**

1 把乌贼的腕足和内脏分开，剥去薄皮，切成1.5cm厚的圆形。把乌贼腕足处理一下，切成方便食用的大小。

2 用竹签把小青辣椒刺上多个孔。

3 将平底锅加热后放入芝麻油，煎烧步骤1的材料，之后加入步骤2的材料，混合。最后加入材料A混合煎烧。

4 分开放入小杯里，然后放到存放容器里。完全凉凉之后，盖上盖子，进行冷冻。

1人份
556kJ

大葱和生姜调味，更是好吃得不得了。

## 龙田油炸鲕鱼

- 烤箱加热
- 直接装盒
- 微波炉加热

冷冻1个月
（直接装盒后可存放1周）

**材料**（5人份）

鲕鱼块…………………4块
盐………………………少许
大葱………………1/4根
生姜…………………1块
A［酱油、料酒…各2大匙
　 酒………………1大匙
太白粉、
色拉油………………各适量

**制作方法**

1 把每块鲕鱼块切成2～3小块，撒上盐。

2 把大葱、生姜切成细丝，和材料A混合。把鲕鱼块放进去，腌制15min。

3 将步骤2的材料控除汤汁后，裹上太白粉。用170℃的色拉油炸，之后控油。

4 完全凉凉之后，放到存放容器里，盖上盖子，进行冷冻。

1人份
979kJ

萝卜干是经典的配菜，有它会很方便。

## 煮萝卜干

关于装盒
- 直接装盒
- 微波炉加热

保存期限
冷冻1个月
（直接装盒后可存放1周）

1人份
222kJ

**材料**（6人份）

萝卜干 ················ 40g
胡萝卜 ················ 1/4根
油炸豆腐片 ············ 1块
A ┌汤汁 ················ 2杯
  └酱油、料酒 ··· 各2大匙

**制作方法**

1 把萝卜干放进水里浸泡，使其变软，吸取水分。

2 把胡萝卜切成细丝。油炸豆腐片浇上开水去油之后，切成细丝。

3 把步骤1、2的材料和材料A放进小锅里，盖上盖子，用大火煮沸后，换成小火炖煮，煮到没有汤汁。

4 分开放进小杯里，然后放到存放容器里。完全凉凉之后，盖上盖子，进行冷冻。

比较常用的健康配菜之一。

## 五目豆

关于装盒
- 直接装盒
- 微波炉加热

保存期限
冷冻1个月
（直接装盒后可存放1周）

1人份
259kJ

**材料**（6人份）

水煮大豆
（罐装）············ 净重120g
海带（边长10cm的
正方形）················ 1块
干香菇 ················ 2个
牛蒡 ·················· 1/4根
胡萝卜 ················ 1/4根
A 酱油、料酒 ···· 各2大匙

**制作方法**

1 把海带、干香菇放进水里浸泡，使其变软。之后把海带切成边长1cm左右的小方块，取走3/4杯浸泡的水。把香菇也切成边长1cm左右的小方块，再取走半杯浸泡的水。

2 将牛蒡去皮后切成两半，再切成边长1cm左右的小块，过水。把胡萝卜也切成边长1cm左右的小块。

3 把步骤1、2的材料和大豆、材料A放进小锅里，盖上盖子，用大火煮沸后，换成小火炖煮，煮到没有汤汁。

4 分开放进小杯里，然后放到存放容器里。完全凉凉之后，盖上盖子，进行冷冻。

生姜风味的羊栖菜口感很棒。

## 生姜煮羊栖菜

关于装盒
- 直接装盒
- 微波炉加热

保存期限
冷冻1个月
（直接装盒后可存放1周）

**材料**（6人份）

羊栖菜（干燥）…………10g
生姜……………………10g
A
- 汤汁……………1½杯
- 酱油…………1½大匙
- 料酒……………1大匙
- 砂糖……………2小匙

**制作方法**

1 把羊栖菜放进水里浸泡10min左右，使其变软，吸取水分。

2 把生姜切成细丝，与步骤1的材料和材料A一起放进小锅里，盖上盖子，用大火煮沸后，换成小火炖煮。

3 煮到没有汤汁。之后分开放进小杯里，然后放到存放容器里。完全凉凉之后，盖上盖子，进行冷冻。

1人份
75kJ

凤尾鱼脊的香味使香菇类食材产生醇厚的口感。

## 香炒菌类

关于装盒
- 直接装盒
- 微波炉加热

保存期限
冷冻1个月
（直接装盒后可存放1周）

**材料**（6人份）

鲜香菇………………4个
丛生口蘑……………1包
杏鲍菇………………1个
凤尾鱼脊……………1块
大蒜…………………1瓣
橄榄油……………2大匙
酱油………………1小匙
胡椒粉………………少许

**制作方法**

1 择香菇，一个切成4等份。把丛生口蘑掰开。杏鲍菇竖着4等分后，切成2cm厚的小块。把凤尾鱼脊、大蒜切成细丝。

2 在平底锅中放入凤尾鱼脊、大蒜、橄榄油加热，小火炒出香味后加入香菇类材料，之后加入酱油、胡椒粉调味。

3 分开放进小杯里，然后放到存放容器里。完全凉凉之后，盖上盖子，进行冷冻。

1人份
243kJ

# 鸡肉牛蒡菜饭

●微波炉加热

冷冻1个月

根菜和鸡肉搭配，营养均衡，做成的菜饭更是美味。尤其是在配菜量不是很足的情况下，搭配起来很方便。

**材料**（易于制作的分量）

大米……………………300g
水……………………360mL
鸡腿肉…………………200g
牛蒡……………………半根
胡萝卜…………………1/4根
生姜……………………1块
A 酱油、料酒、酒…… 各2大匙
★可以作为4人份的主食。

**制作方法**

1 洗净大米，然后在水中浸泡30min左右。

2 把鸡腿肉切成长1cm左右的小块。牛蒡去皮，削成薄片，在水中浸泡5min左右去味后，捞出来控水。胡萝卜切成薄片。生姜切成细丝。

3 把步骤2的材料倒入小盆里，加入材料A搅拌，然后放置10min左右。

4 把步骤1的大米捞出来控水后倒入电饭锅里，然后加入360mL水。把步骤3的材料一起倒进去混合后，开始煮米饭。

5 煮好后，轻轻搅拌一下，放到存放容器里。完全凉凉之后，盖上盖子，进行冷冻。

全部
6991kJ

point 1

牛蒡去味

牛蒡在水中浸泡去味，煮熟后颜色也比较好。

point 2

胡萝卜切成薄片

胡萝卜切成薄片，这样吃起来口感比较好。

# 海味菜肉烩饭

●微波炉加热

冷冻1个月

发挥黄油、清汤的作用，做成醇厚口味的菜肉烩饭。再搭配一种蔬菜，美味至极。

**材料**（易于制作的分量）

大米……………………300g
水……………………360mL
混合海味（冷冻）…………200g
洋葱……………………半个
蘑菇（罐装薄片）………1罐（75g）
黄油……………………20g
酒……………………3大匙

A
- 月桂叶……………………1片
- 清汤宝……………………1小匙
- 盐……………………半小匙
- 胡椒粉……………………少许

★可以作为4人份的主食。

**制作方法**

1 洗净大米，捞到竹筐里。把洋葱切成细丝。混合海味倒到竹筐里，浇水解冻。

2 在平底锅中放入黄油加热，炒一下混合海味。之后放入洋葱，再放入控除汤汁的蘑菇，混合炒。然后倒入酒，再煮一下。

3 把大米倒入电饭锅里，然后加入360mL水，把步骤**2**的材料和材料**A**一起倒进去混合后，开始煮米饭。

4 煮好后，轻轻搅拌一下，放到存放容器里。完全凉凉之后，盖上盖子，进行冷冻。

point 1

混合海味的烹饪处理

黄油有股醇厚的香味，加入酒煮过后，食材就没有冷冻食品的感觉了。

point 2

月桂叶可使饭更香

月桂叶的作用就是，解冻后饭菜依然美味。

# 意大利面

关于装盒 ●微波炉加热

保存期限 冷冻1个月

便当使用米饭理所当然。除此之外，也可搭配汉堡、油炸食品等副菜，做出来也是很好吃的。

**材料**（易于制作的分量）

德国香肠……2根
洋葱……半个
青椒……2个
杏鲍菇……1个
意大利面……180g
色拉油……2小匙
黄油……10g
番茄酱……3小匙
A ┌英国辣酱油……1大匙
　└盐、胡椒粉……各少许

★可以作为2人份的主食。

**制作方法**

1 将德国香肠斜着切成圆片。把洋葱、杏鲍菇切成薄片。青椒切成细丝。

2 把意大利面按照要求煮后，捞到竹筐里。

3 在平底锅中放入色拉油加热，然后放入黄油，再依次放入香肠、洋葱、杏鲍菇、青椒，混合炒。

4 把步骤2的材料放进去之后，放番茄酱，炒好后放入材料A来调味。放到存放容器里，完全凉凉之后，盖上盖子，进行冷冻。

全部 4619kJ

point 1

切好各种食材

各种食材切成一致的大小，这样比较容易和意大利面混合，食用也方便。

point 2

关键在于用英国辣酱油调味

加入英国辣酱油后，番茄酱的味道更是浓厚，即使解冻后也很好吃。

# 中式炒面

关于装盒
● 微波炉加热

保存期限
冷冻1个月

使用鸡汤调味的炒面，再加入樱花虾，更是美味。

**材料**（易于制作的分量）

猪肉薄片 ………………… 100g
大葱 ………………………… 半根
荷兰豆 ……………………… 5个
樱花虾（干燥）………………… 3g
中式面（炒面专用）……… 约300g
芝麻油 ………………… 半大匙
酒 ………………………… 2大匙
A ┌鸡汤调味宝、盐 … 各半小匙
 │酱油 ………………… 1小匙
 └胡椒粉 ………………… 少许
★可以作为2人份的主食。

**制作方法**

1 把猪肉切成方便食用的大小。大葱切成3cm长的细丝。荷兰豆斜着切。

2 在平底锅中放入芝麻油加热，把猪肉放进去炒。之后加入大葱、樱花虾，混合炒。

3 加入面后洒点酒，盖上盖子，中火焖炒1min左右。

4 加入荷兰豆，和面一起混合炒，然后加入材料A调味。炒好后，放到存放容器里。完全凉凉之后，盖上盖子，进行冷冻。

全部
4368kJ

point 1

**樱花虾可以提味**

即使解冻，味道及口感也不会发生变化的樱花虾，可提升食物的香味与口感。

point 2

**焖炒面**

加入面后洒点酒，盖上盖子，中火焖炒后，面容易散开，易熟，易入味。

\ 美味享用!/

# 主菜的
# 装盒方法和食用方法一览表

作为便当主菜的肉类、海鲜类配菜，一般装盒方法都写在相应的食谱中。这里进一步总结了其使用方法，做得好吃的小窍门、注意事项等，希望能够在制作这些配菜的过程中给予帮助。

## 自然解冻 直接装盒

p.23

### 梅干猪肉奶酪卷

猪肉切得比较薄，有时加热太过的情况下，吃起来就会干瘪。所以自然解冻后，口感柔润，非常好吃。

p.25

### 糖醋里脊

因为猪肉切得薄，所以解冻快。一旦解冻，汤汁就会流出，所以需要使用杯子，这样就不会有汤汁流出，弄脏托盘了。

p.30

### 照烧鸡肉

用微波炉加热太过的情况下，口感不好，而自然解冻，汤汁味道就比较鲜美。

p.32

### 鸡肉奶汁烤菜

分开装进杯子里的烤菜可直接冷冻后装进便当盒里。用微波炉加热时，注意不要加热太过了。

p.33

### 鸡肉卷蔬菜

鸡胸肉一旦加热过了，水分流失，口感干瘪。可把配菜冷冻后直接装进便当盒，自然解冻。

p.34

### 橘皮果酱烧鸡胸肉

切记不可使用微波炉对鸡胸肉加热过度。直接装盒也是可以的。

p.34

### 咖喱鸡肉

鸡翅上的肉不是很厚实，所以自然解冻即可。使用烤箱稍微加热一下也很美味。

p.35

### 鸡胸肉青紫苏天妇罗

直接装盒，食用时口感会自然而然变得柔软。觉得油腻的话，可放入小块柠檬。

p.42

## 糖醋丸子

丸子非常容易解冻，所以可直接装盒。微波炉加热时，不可太过了。

p.43

## 烧卖

微波炉加热太过的情况下，烧卖皮会变硬。建议直接装盒。

p.45

## 泰国特色烤肉串

烤肉串一般肉都不厚实，所以自然解冻很快，也很好吃。

p.45

## 鸡肉饼

因为体积比较大，所以一定要把握好解冻时间。冷冻之前如果切成2～4等份的话，使用起来会比较方便。

p.48

## 丛生口蘑山椒炒牛肉

薄薄的牛肉、丛生口蘑都比较适合自然解冻，建议直接装盒。

p.49

## 青椒牛肉丝

自然解冻比较快，适合直接装盒。当然微波炉加热也可以，但是注意不可太过了。

p.50

## 青辣椒熏肉卷

推荐直接装盒，自然解冻。用微波炉加热时，熏肉容易收缩，注意加热时间。

p.50

## 牛肉蔬菜卷

这种蔬菜卷比较小，所以建议直接装盒。微波炉加热时，不可太过了。

p.51

## 香肠豆类混合辣炒

食材都比较小，适合自然解冻。微波炉加热太过的情况下，香肠干瘪，口感不好。

p.54

## 番茄酱炒虾

微波炉加热太过的情况下，虾干瘪，口感不好。建议直接装盒，自然解冻，口味鲜美。

p.55

### 味噌芝麻烧鲑鱼

烤鱼用微波炉加热容易加热过度，鱼味不鲜美，适合自然解冻。

p.57

### 炸什锦虾丸

肉丸子之类的食物都比较容易解冻，所以可以直接装盒。当然也可用烤箱稍微加热。

p.58

### 照烧扇贝

容易解冻，所以可直接装盒。用微波炉加热时，扇贝容易收缩，口感不好。

p.59

### 生姜乌贼烧

一旦加热太过，乌贼就会变硬，不好吃。所以建议直接装盒。

## 微波炉加热 凉凉之后装盒

p.20

### 猪肉生姜烧

加热一下，猪肉会变软，比较好吃。但是注意不要加热过了。

p.22

### 番茄酱猪肉

猪肉比较厚实，所以解冻一下吃起来比较放心。当然直接装盒、自然解冻后也会很好吃的。

p.25

### 猪肉酱烧

猪肉比较厚实，建议解冻一下。其实只要不是冬天，也可直接装盒，而且会更美味。

p.41

### 迷你汉堡牛肉饼

加热后，牛肉变软了，口感会更好。可添加自己喜爱的番茄酱、调味汁等。

p.44

### 莲藕夹肉

加热后，肉末部分变软了。由于莲藕夹肉做好的尺寸不大，所以可直接装盒，自然解冻。

p.44

### 西式牛肉

和迷你汉堡牛肉饼一样，加热后，牛肉变软了，吃起来会更加美味。

## 烤箱加热 使之酥脆，凉凉之后装盒

p.21

### 炸猪排

加热使外层的油炸皮酥脆。里面没有解冻也可以直接装盒，然后自然解冻。

p.24

### 猪肉竹笋春卷

虽然加热后的没有刚炸出来的酥脆，但是比冷冻装盒的要好吃很多。

p.24

### 猪肉裹面包糠

只要表面的面包糠加热至酥脆即可。里面自然解冻，肉也不会太干瘪。

p.31

### 炸鸡块

直接装盒就很美味。烤箱加热后表面会更酥脆，也会更香。

p.35

### 七味烧鸡肉

简单加热后，皮层油腻变淡，会更好吃。肉薄，直接冷冻装盒也可以。

p.40

### 炸牛肉薯饼

外层加热后酥脆，散发香味，肯定比直接冷冻装盒的要好吃。

p.51

### 油炸火腿

加热后，表层浇上调味汁，更容易渗透，口感更好。当然火腿不厚实也可冷冻直接装盒。

p.56

### 蛋黄酱烧旗鱼

面包糠部分加热后酥脆，油腻味变淡。棒状的食物一般容易解冻，所以也可直接装盒。

p.58

### 油炸白身鱼

表层稍微加热，鱼肉就会很好吃。切记微波炉加热时加热过度，鱼肉口感不好。

p.59

### 龙田油炸鲕鱼

表层稍微加热，鱼肉可自然解冻。切记微波炉加热时加热过度，鱼肉口感不好。

# 用微波炉

# 的寒天便当

在公司、学校的茶水间，只要有微波炉，加热之后，就能吃上热气腾腾的午饭。寒天便当的魅力就是可以携带含汤汁的配菜，甚至是汤。

1人份
1749kJ

这样就不会洒出了！

食用时：
**用微波炉加热3min左右，可搭配面包或者饭团。**

不用担心汤汁洒出，
各种煮的汤汁配菜皆可携带。

## 猪肉白菜卷便当

point

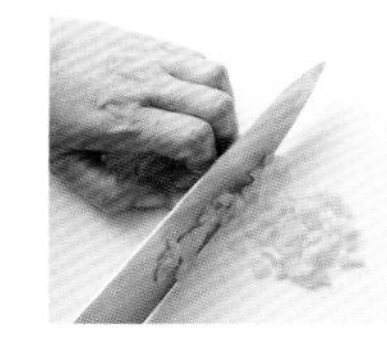

使用白菜心

把白菜心切碎，和肉末搅拌，完全利用。

**材料（1人份）**

白菜叶（大叶）…………2片
白菜心…………适量
混合肉末…………100g
洋葱…………1/8个
A
- 面包糠…………2大匙
- 搅匀的蛋液…………1大匙
- 盐、胡椒粉…………各少许

熏肉…………2片
水…………1½杯
清汤宝…………1/3小匙
盐、胡椒粉…………各少许
寒天粉…………2/3小匙

**制作方法**

1 把厚厚的白菜心切下来，放进盐水中煮。凉凉之后，切成细丝。

2 把洋葱切成细丝，然后和白菜心、肉末一起放进小盆里，加入材料**A**，搅拌后2等分，做成丸子状。

3 用白菜叶包裹着步骤**2**的丸子，然后再缠上熏肉，用牙签固定住。之后放进小锅里，加入1½杯水、清汤宝，用大火煮。煮开后，盖上盖子，用小火再煮10min左右。

4 撒上盐、胡椒粉调味。然后把猪肉白菜卷放进能用微波炉加热的便当盒里。

5 在刚才煮的汤汁中加入寒天粉，用中火煮。煮开后，按照要求的时间（1~2min）煮，并不断搅拌使寒天粉溶解。然后倒入步骤**4**的便当盒里。余热消退后，放入冰箱使其凝固。

### 关于使用寒天粉的便当

寒天粉是由寒天棒加工而成的，通过煮后使其溶解，即可使用。寒天粉生产厂家不同，煮开的时间略有不同，一定要按照要求煮。另外，使用寒天粉的便当不适宜长期保存，所以建议食用的前一天制作。

这样就不会洒出了！

食用时：
**用微波炉加热3min左右，可搭配面包或者饭团。**

配菜、汤水满满的，食后倍感温暖。

# 浓汤便当

**材料**（1人份）

白菜……………………100g
洋葱……………………1/4个
胡萝卜…………………1/4根
德国香肠………………2根
水………………………2杯
清汤宝…………………半小匙
盐、胡椒粉……………各少许
寒天粉…………………半小匙

**制作方法**

1. 把白菜大概切一下，洋葱切成菱形，胡萝卜大概切一下即可。
2. 把2杯水、清汤宝、步骤**1**的材料、香肠放进小锅里，用大火煮。煮开后，换成小火再煮20min左右，然后撒上盐、胡椒粉调味。
3. 把步骤**2**煮好的材料放进可用微波炉加热的便当盒里，不放汤汁。然后在刚才煮的汤汁中加入寒天粉，用中火煮。煮开后，按照要求的时间（1～2min）煮，并不断搅拌使寒天粉溶解。
4. 把煮好的汤汁倒入步骤**3**的便当盒里。余热消退后，放入冰箱使其凝固。

1人份
674kJ

point

煮好的材料先倒入便当盒里

一定要注意把煮好的材料先倒入便当盒里，然后再加入含有寒天粉的汤汁。

口感极好的麦片搭配蔬菜、鱼类，
成为一道健康绿色的便当。

# 鳕鱼蔬菜麦片杂烩粥便当

**材料（1人份）**

麦片……………………1/6杯
生鳕鱼……………………半块
白菜……………………50g
胡萝卜……………………1/8根
鲜香菇……………………1个
搅匀的蛋液……半个鸡蛋的分量
高汤……………………1½杯
盐、胡椒粉……………各少许
寒天粉……………………1/4小匙

point

泡麦片

为了缩短煮的时间，提前把麦片用水泡一下。

这样就不会洒出了！

食用时：
**用微波炉加热3min左右，可根据喜好添加信州菜（日本芥菜）。**

**制作方法**

1 将麦片洗干净后，放入水中浸泡5min左右，捞出来控水。

2 把鳕鱼切成方便食用的大小，除去刺。白菜切成长条状，胡萝卜切成细丝，香菇去根后切成薄片。

3 把步骤**1**的材料放进小锅里，加入高汤，盖上盖子，用大火煮。煮开后，换成小火再煮10min左右。麦片变软后，加入步骤**2**的材料煮1min左右，然后撒上盐、胡椒粉调味。

4 加入寒天粉，用中火煮。煮开后，按照要求的时间（1～2min）煮，并不断搅拌使寒天粉溶解。然后以画圆圈的方式倒入搅匀的蛋液，盖上盖子，关火，闷1min左右。

5 倒入可加热的便当盒里。余热消退后，放入冰箱使其凝固。

凝固后的配菜搭配米饭做成的便当。

# 中式浇汁饭便当

1人份
996kJ

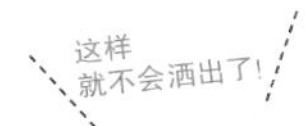

这样
就不会洒出了！

食用时：
用微波炉加热3min左右。

**材料**（1人份）

五花肉切片 ················40g
圆筒状鱼糕 ················半根
小松菜 ····················适量
胡萝卜 ····················1/8根
大葱 ······················1/4根
色拉油 ····················1小匙
水 ························1½杯
鸡肉炖汤 ··················1/4小匙
A［酱油 ····················1小匙
　 盐、胡椒粉 ··············各少许
寒天粉 ····················半小匙
冷冻米饭 ··················适量

**制作方法**

**1** 将五花肉切成易于食用的大小，圆筒状鱼糕用手撕成一口能食用的大小。

**2** 把小松菜大概切一下。胡萝卜切成长条状。大葱切成3～4cm长，然后纵向切开。

**3** 把小一点的平底锅加热后放入色拉油，炒步骤**1**的材料。简单炒一下后加入步骤**2**的材料，混合炒。蔬菜变软后，加入1½杯水、鸡肉炖汤，一起煮。煮开后，加入材料**A**调味。

**4** 加入寒天粉，用中火煮。煮开后，按照要求的时间（1～2min）煮，并不断搅拌使寒天粉溶解。倒进保存容器里，余热消退后，放入冰箱使其凝固。

**5** 把米饭放入可用微波炉加热的便当盒里，然后把步骤**4**的材料倒到米饭上即可。

point

**把配菜放到冷冻后的米饭上**

米饭冷冻时，注意尺寸。冷冻后可以放进便当盒里，然后在上面倒上配菜。

食用时：
用微波炉加热3min左右，可搭配米饭、馕食用。

加入寒天粉之后，稠糊更浓，
适合与馕搭配享用。

# 咖喱鸡肉便当

1人份
1657kJ

**材料**（1人份）

- 鸡翅……3个
- 洋葱……1/8个
- 胡萝卜……1/8根
- 大蒜、生姜……各适量
- 红辣椒……半根
- 黄油……10g
- 色拉油……半小匙
- 水……1杯
- A
  - 水煮番茄（罐装）……100g
  - 咖喱粉……半大匙
  - 蜂蜜……1小匙
  - 英国辣酱油……半小匙
  - 三味香辛料……1/4小匙
  - 盐、胡椒粉……各少许
  - 月桂叶……1片
- 盐、胡椒粉……各适量
- 寒天粉……1/3小匙

**制作方法**

1. 将洋葱、胡萝卜、大蒜、生姜都切成细丝。
2. 把黄油和色拉油、大蒜、生姜、辣椒都放进小锅里炒，有香味后放入鸡翅，炒至上色。
3. 加入洋葱、胡萝卜混合炒，蔬菜变软后，加入1杯水、材料**A**煮开。盖上盖子，用小火煮20min左右。
4. 撒上盐、胡椒粉调味。加入寒天粉，用中火煮。煮开后，按照要求的时间（1～2min）煮，并不断搅拌使寒天粉溶解，然后倒入可用微波炉加热的便当盒里。余热消退后，放入冰箱使其凝固。

Point

和鸡肉一起混合炒各种切好的蔬菜

把蔬菜加入炒得差不多的鸡肉中，炒至变软即可。

※图片中为2人份。

蔬菜丰富，口感十足的炖煮菜。

# 炖煮菜便当

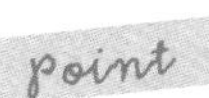
1人份
1582kJ

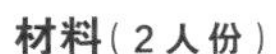
这样
就不会洒出了！

食用时：
用微波炉加热3min左右，可搭配米饭、面包食用。

**材料**（2人份）

鸡腿肉 …………………… 150g
西蓝花 …………………… 1/4棵
洋葱……………………… 1/4个
胡萝卜 …………………… 1/3根
土豆……………………… 1个
蘑菇（罐装薄片）…………… 30g
水 ………………………… 1杯
色拉油 …………………… 2小匙
月桂叶 …………………… 1片
白色调味汁（罐装）……… 3/4杯
盐 ………………………… 适量
胡椒粉 …………………… 少许
寒天粉 …………………… 半小匙

**制作方法**

1 将鸡肉切成可一口食用的大小，撒上少许盐、胡椒粉。

2 将西蓝花掰开，洋葱切成菱形，胡萝卜、土豆大概切成可一口食用的大小。

3 在平底锅中放入色拉油加热，加入步骤**1**的材料，炒至上色后，移到小锅里。用空出来的平底锅炒洋葱，然后加入胡萝卜、土豆，混合炒。炒得差不多后，全部倒入有鸡肉的小锅里。

4 加入蘑菇、水、月桂叶，用大火煮。煮开后，盖上盖子，用小火煮10min左右。加入西蓝花，煮开后，加入白色调味汁混合，撒上盐、胡椒粉调味。

5 加入寒天粉，用中火煮。煮开后，按照要求的时间（1～2min）煮，并不断搅拌使寒天粉溶解。然后倒入可用微波炉加热的便当盒里。余热消退后，放入冰箱使其凝固。

point

鸡肉炒至上色后移到小锅里

鸡肉炒至上色后移到小锅里，可控除油，做好后会更好看。
※图片中为2人份。

# 食材冷冻的基础知识❶

制作的配菜不够时，只要有食材，可再做一个菜。适合做便当的食材可分成小份放进冰箱中冷冻，这样早上可迅速做一个菜。接下来介绍一下食材易于使用的冷冻方法。

## 肉的冷冻方法

肉类冷冻的关键在于保持其鲜度和口感。买来的肉最好马上冷冻，尽可能地缩短其冻结时间，这一点是很重要的。

冻结时间越短，肉越鲜。解冻时间越快水滴越少，味道也能保鲜。如果使用出售时的泡沫聚苯乙烯盒子一起冷冻，不仅花费时间，而且肉变重了，不易解冻，使用少量肉类时也不方便。所以一定要拿掉盒子，分成小份冷冻。

冷冻的时候一定要使用金属托盘。因为这种托盘导热快，所以可以快速冷冻，从而保鲜。

根据使用方法，简单处理之后，可提高其保存性，解冻时间也会相应缩短。

冷冻室里的肉类可在常温下自然解冻，也可使用微波炉的解冻功能来解冻。薄肉片可在不完全解冻状态下使用。

分成小份的肉类用炒、煎、煮等方法即可做成主菜，快速简单，方便食用，比较适合便当配菜用。

### ❶ 擦干肉表面的水

肉的表面会有水等流出，一旦有水，表面在冷冻时容易有霜。这样一来，可能会产生不好的气味或者会让肉变味。所以把肉摆放在托盘上，用厨用纸巾轻轻吸取上面的水。

↓

### ❷ 展开肉片，零散冷冻，防止冷冻后变重

把肉片在金属托盘上展开，防止冷冻后变重。另外注意，直接把肉放到托盘上冷冻时容易粘在托盘上，所以一定要在肉下面铺上保鲜膜。同时肉上面也盖上保鲜膜，可防止其干燥、变质、表面有霜等。之后放进冷冻室时，平放到容易有冷气吹出的地方，这样即可快速冻结。

↓

### ❸ 冷冻后放进保鲜袋里保存

肉类分成小份冷冻也好，零散冷冻也好，冷冻之后都需要放进冷冻保鲜袋或者冷冻存放容器里。保鲜膜或者聚乙烯塑料袋具有透气性，不能防止食品变质，而且一旦冻结容易破，破了之后食品的味道会进入冷冻室，对其他食品不好，会串味。

↓

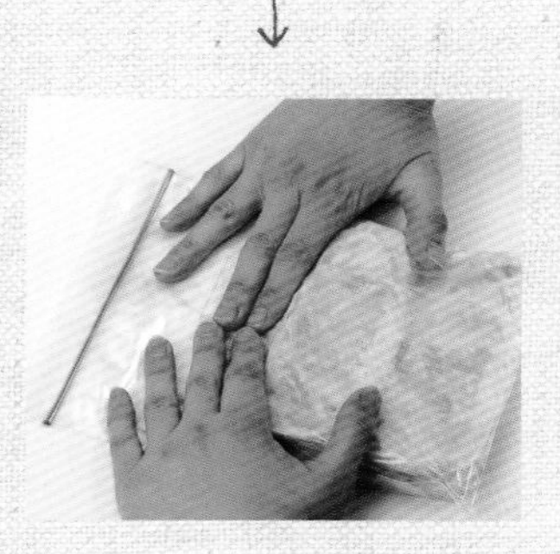

### ❹ 排去空气密封

为防止食品变质、表面有霜，一定要除去袋子里的空气。拉上袋子拉链，留出一点空隙，挤出袋子里面的空气，然后快速封口。也可使用吸管吸出袋子里面的空气。

## 薄肉片、厚肉片

薄肉片冷冻时，关键要一片一片展开，不可叠放。做便当使用1～2片时，零散冷冻或者裹上保鲜膜叠放冷冻的，比较方便。解冻后的肉要一次用完。切记不可再次冷冻。

**保存期限和解冻方法**

- 保存期限：大约是2周。
- 解冻方法：可自然解冻或者用微波炉解冻。不完全解冻的状态下可切成所需的大小，之后即可直接烹饪使用。

Hint*

### ❄ 一片一片展开，零散冷冻

薄肉片要一片一片展开，零散冷冻。碎肉块或者大块肉，叠放到一起或者弄成团状直接冷冻，解冻时需要时间，建议展开冷冻。冷冻后，再整合到一起裹上保鲜膜，放到冷冻保鲜袋或者小的密封容器里，分成小份保存。

Hint

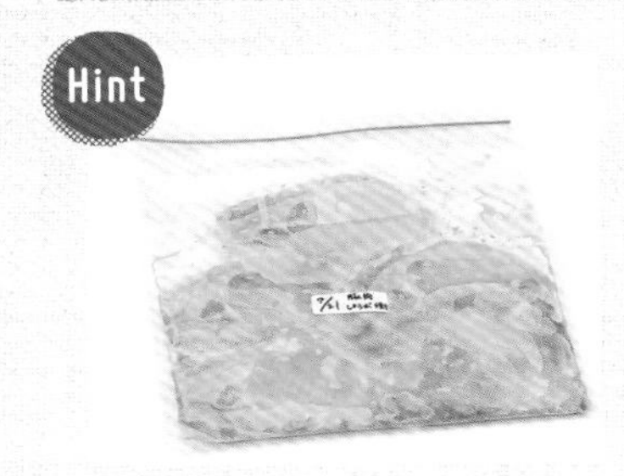

### ❄ 调味后冷冻

薄肉片调味后再冷冻使用起来比较方便。调味料可提高保存性，解冻后只需要炒、煮或者煎即可，早上起来做便当就比较轻松了。左图是冷冻的猪肉生姜烧，5～6片猪肉裹上汤汁（生姜末、酱油、料酒、酒各1大匙），一片一片展开放进冷冻保鲜袋里冷冻。保存期限是2～3周。

Hint

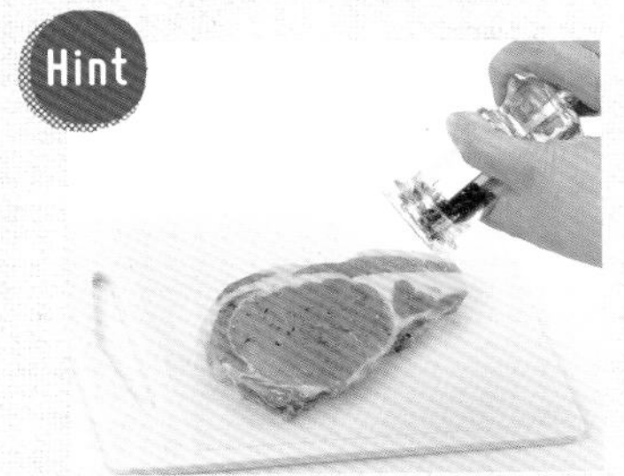

### ❄ 肉去筋，调味

为了解冻后马上使用，可提前去筋之后再冷冻。撒上盐、胡椒粉可防止肉味不新鲜。也可事先用大蒜薄片、香草、少许油、红酒等简单调味。切成2～3等份冷冻，以方便做便当时使用。

Hint

### ❄ 裹上铝箔，防止肉变质

接触空气、光等肉会变质，导致肉表面变色、肉变味等。为此，裹上铝箔，可防止以上问题出现。用保鲜膜把肉裹好后再裹上铝箔，然后冷冻。铝箔导热快，可快速冷冻，而且遮光可避免肉变质。

*“Hint”意为“提示”。

## 肉末

肉末容易腐坏，所以生肉末直接冷冻时，尤其注意其新鲜度。挑选新鲜的，买来后尽快冷冻。其表面积比较大，所以保存过程中注意防止其变质。也可加热后再冷冻。根据所做的料理，提前处理好再冷冻。

**保存期限和解冻方法**

- 保存期限：生肉末是1～2周，熟肉末是3～4周。
- 解冻方法：可自然解冻或者用微波炉解冻。不完全解冻的状态下可切成所需的大小，之后即可直接烹饪使用。

Hint

### ❄ 平着装进袋子，折出折痕

生肉末摊平，薄薄地放进保鲜袋里，注意不要留缝隙（除了折痕所需的空间），然后拉上拉链。用筷子如图所示压出折痕。做便当时，一般量少，所以这个折痕很方便。另外也可分成小份摊平，用保鲜膜裹上冷冻，之后装进冷冻保鲜袋里一起保存，这样使用起来也方便。

Hint

### ❄ 炒后冷冻保存

把肉末炒后凉凉，放进冷冻保鲜袋里，摊平，冷冻。根据肉末用途，炒时可放入洋葱丝、生姜丝、大葱丝等，然后用盐、胡椒粉、料酒等调味。左图是肉末炒洋葱丝，适用于迷你杏力蛋或番茄饭之类的便当。

### ◎冷冻保鲜袋

冷冻保鲜袋指的是聚乙烯制的，厚一点、带拉链的保鲜袋。一般市场出售各种商标的保鲜袋。带拉链的保鲜袋有的可用于冷冻，有的可以冷冻、微波炉加热两用，并且各种尺寸的都有。便当推荐使用最小号的，因为可以把食材简单地分成小份保存。而零散冷冻后的肉类再一起存放时，一般使用中号或大号的保鲜袋。根据用途区分使用，很方便。

关键食材装进去之后要除去里面的空气，摊平后再拉上拉链。用吸管吸去空气后，迅速拔掉吸管、拉上拉链，这样里面几乎就没有空气了。

## 肉末的半成品

建议肉末一定程度调理之后再冷冻保存。花费时间的肉末配菜，一次多做点，冷冻保存起来，以后使用会更方便。肉丸子、饺子、肉松饭、杏力蛋等，都是适合冷冻保存的配菜。

**保存期限和解冻方法**

- 保存期限：冷冻保存是3～4周。
- 解冻方法：因料理种类而异。

### ❄饺子可以直接冷冻

把饺子摆放到铺有保鲜膜的金属托盘上，上面再盖上保鲜膜，零散冷冻即可。冷冻后的饺子可以蒸着吃。饺子馅（30～40个）：将300g猪肉末、1块分量的生姜丝、半小匙盐、1大匙芝麻油、1大匙酱油、4大匙水、1/4根分量的大葱丝、适量韭菜（切成5mm长）搅拌好。冷冻之后饺子皮容易干燥开口，可以在接口处涂点水，就可密封起来了。

Hint

### ❄味噌肉松饭

味噌可以除去肉末的肉腥味，搭配肉松饭即可做成美味的味噌肉松饭。200g猪肉末（鸡肉末也可）需添加味噌、砂糖、酒各2大匙，1块分量的生姜汁，然后放进小锅里，开火前用4～5根筷子搅拌。搅拌好后，用中火煮，边煮边搅拌，直至汤汁蒸发完。完全凉凉之后，放进冷冻保鲜袋里摊平，然后放到金属托盘上冷冻。也可分成小份放进小一点的存放容器里冷冻，之后每次使用会更方便。常用于煎鸡蛋、炒饭、豆腐菜之类的料理当中。

Hint

### ❄肉丸子煮过之后冷冻

容易腐坏的鸡肉末建议做成肉丸子冷冻起来。将300g肉末、1大匙生姜汁、2～3大匙太白粉、半小匙盐、1大匙酒搅拌好，做成肉丸子，大小适当。煮一下，凉凉之后零散冷冻。也可以油炸之后冷冻。可用微波炉解冻，加入高汤、酱油、料酒煮可做成鸡肉串。也可以用调味汁浸泡后烤着吃，还可以和青菜一起炒着吃。

# 鸡肉

鸡肉水分多，容易腐坏，买来之后要马上冷冻起来。肉厚度不均，直接冷冻后一旦解冻，厚的地方不能解冻，薄的部分容易流出水滴。建议在厚的地方切入切口摊平或者切成一口能食用的大小之后再冷冻。

**保存期限和解冻方法**

- 保存期限：生鸡肉是1～2周，熟鸡肉是3～4周。
- 解冻方法：可在冷藏室自然解冻或者用微波炉解冻。因料理种类而异。

### ❄切成易于食用的大小

把鸡腿肉的水分擦干，去脂去筋。去筋后，肉厚的地方切开，然后切成易于食用的大小。加上盐、酒之后，摆放到铺有保鲜膜的托盘上，上面盖上保鲜膜冷冻，之后移到冷冻保鲜袋里。切成一口能吃的大小之后零散冷冻，然后移到冷冻保鲜袋里，也比较便于使用。

Hint

### ❄炸鸡块提前调味

将鸡肉切成一口能食用的大小，裹上调味料（1块鸡腿肉时，酱油、酒各2大匙，生姜汁适量）后放入冷冻保鲜袋里，尽量摊平再冷冻。解冻后，裹上低筋面粉或者太白粉油炸。调味汁浸入后裹上面粉冷冻也可以。但是都需要解冻之后再油炸。如果是做便当用的，建议按照每次使用的分量分开放进小一点的冷冻保鲜袋里保存，之后用起来方便。

Hint

### ❄酒蒸后分开冷冻保存

鸡胸肉加上酒和盐蒸一下，凉凉之后，简单地撕开分成小份，用保鲜膜包上冷冻。冷冻后移到冷冻保鲜袋里保存。鸡肉撕开后冷冻比较容易解冻，便于马上烹饪处理。煮鸡、蒸鸡的保存期限是3～4周。解冻时，可自然解冻或者使用微波炉解冻。

Hint

### ❄鸡胸肉切开冷冻

鸡胸肉去筋后，厚的部分切开摊平或者切掉。然后加点盐和酒，裹上保鲜膜，放到托盘上，上面盖上保鲜膜，零散冷冻。也可以每一块鸡肉都裹上保鲜膜，冷冻之后移到冷冻保鲜袋或者容器里。

## 熏火腿、熏肉、香肠

许多肉类加工品味道比较淡，所以容易腐坏。建议和生肉一样，购买后马上分成小份，冷冻保存。散装的肉类加工品、收到的礼物熏火腿等，马上冷冻起来会比较好。熏肉、香肠在冷冻的情况下也可烹饪调理。

**保存期限和解冻方法**

- 保存期限：3～4周。
- 解冻方法：可自然解冻，也可根据其用途用微波炉解冻。

### ❄熏火腿、熏肉交错裹上

熏火腿、熏肉薄片交错裹上保鲜膜后冷冻。一片一片拿出，交错摆放，可节约保鲜膜。成块的熏火腿可根据用途厚切或者薄切。熏肉切成细条或者粗切一下，分成小份，裹上保鲜膜冷冻，非常方便。

● 交错包裹法

熏鲑鱼、薄肉片等比较薄的食材，还有少量使用的煮青菜等，交错裹上保鲜膜。摊开保鲜膜，从边缘开始摆放熏火腿（熏肉），然后翻过来裹上保鲜膜，之后再放上一片肉，翻过来裹上保鲜膜，重复4～5次，整理好保鲜膜，放进托盘中，然后放到冰箱里冷冻。冷冻后移到冷冻保鲜袋里一起保存，注意除去袋子里的空气。之后一片一片使用起来也比较方便。

---

Hint

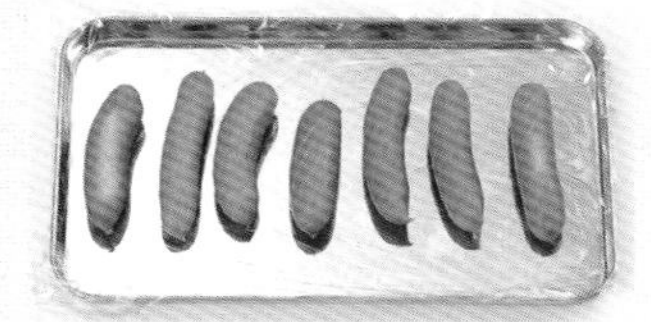

### ❄香肠剪入切口

香肠斜着剪入切口，或者剪入斜格子状切口，可缩短解冻时间，烹饪时香肠皮也不会皱巴巴的。放到托盘里零散冷冻或者放进冷冻保鲜袋里除去空气后冷冻都可以。做便当时，拿出1～2根，不用解冻也可煮或者炒，很快就能做成一个菜。

---

### ◎鸡蛋也可冷冻

生鸡蛋也可冷冻，不过建议便当用的鸡蛋加热后再冷冻。薄的煎鸡蛋一片一片裹上保鲜膜，放到金属托盘上冷冻。炒鸡蛋需要分成小份放进保存容器里冷冻，便于使用。冷冻时都需要凉凉后再进行。为了保持冷冻室味道清新，冷冻后要移到冷冻保鲜袋里。鸡蛋常用于三色便当、鸡蛋饼包饭、拌菜等料理当中。

# 海鲜类的冷冻方法

海鲜类冷冻时，一定要注意避免二次冷冻。一般市场上出售的海鲜类，尤其是鱼块，大部分都是解冻之后的。所以，买回来再冷冻，解冻后容易出水，味道就不那么新鲜了。

解冻后的鱼不要直接冷冻，需要经脱水、调味、加热等处理之后再冷冻保存。用市场上出售的脱水薄纸就很方便。鱼简单处理、加热后，即使解冻后再烹饪也会很简单的。

和肉类一样，为了缩短冻结、解冻的时间，需要将海鲜类分成小份摊平，放到金属托盘上冷冻，冷冻后移到冷冻保鲜袋里保存。

尽量避免生鱼在常温下自然解冻，因为会有水流出。建议在冷藏室自然解冻或者对冷冻保鲜袋进行流水解冻。为了应对忙碌的早晨便当制作，最好把食材提前调味后冷冻，然后直接煎、烤或者用微波炉加热，都比较简单。

虾或乌贼一般煮一下，简单处理之后再冷冻比较好，可缩短做配菜的时间。小沙丁鱼等各种小鱼可零散冷冻，也可处理成鱼块冷冻，这样一来，可以很快做成一个便当配菜。

## ❶ 简单处理鱼块

在鱼块上放上盐和酒，放一会儿，擦干水。解冻后的鱼块更需要脱水处理（注意放置时间过长会变成干物的），擦干水，可保持鱼的鲜味。这一步骤当中也可用味噌腌制或者用酒糟腌制。

↓

## ❷ 放到托盘上冷冻

经过简单处理后的鱼块，如图所示一块一块用保鲜膜裹上，然后再裹上铝箔，放到金属托盘上，再放到有冷气吹出的地方，放平，尽可能迅速地使其冻结。

↓

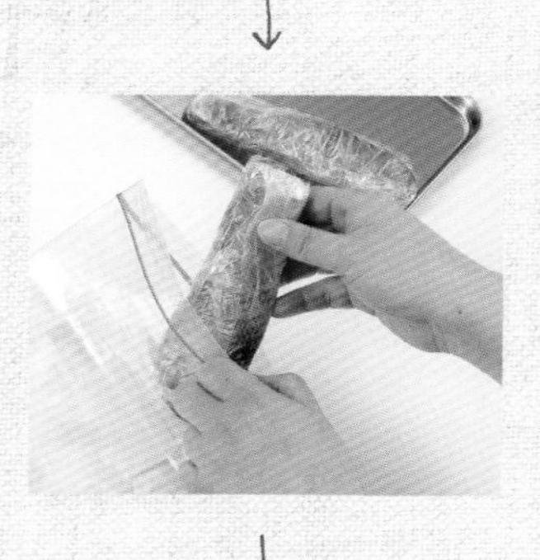

## ❸ 移到冷冻保鲜袋里保存

保鲜膜和塑料袋具有一定的透气性，无法防止食物氧化变质，而且它们冷冻后很容易破，会让鱼的味道进入冷冻室，冷冻室的味道进入鱼，所以一定要放在冷冻保鲜袋里保存。

↓

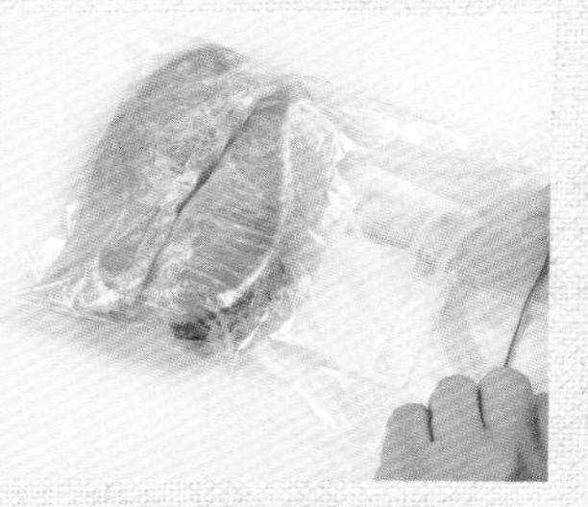

## ❹ 除去空气后密封

为了防止海鲜类食品变质和起霜，需要除去冷冻保鲜袋里的空气。把吸管插进去，拉上拉链，吸出空气后用手指摁住，快速拔出吸管，拉上拉链，封闭。和肉类的处理方法一样，一边用手摁住挤出空气，一边封闭。

# 鱼块

一般市场上出售的鱼块多是解冻之后的，所以冷冻时要加上盐、酒等，而且要把水分吸干净，防止变味。为了延长保存期限，缩短解冻时间，建议调味或者简单调理，甚至用味噌腌制等之后再冷冻。

**保存期限和解冻方法**

- 保存期限：生鱼块是2～3周，调味或者加热后的鱼块是3～4周。
- 解冻方法：在冷藏室自然解冻或者流水解冻，也可用微波炉解冻。

Hint

### 用保鲜膜一块一块包起来

在鱼块上放上盐、酒，放置一会儿，用厨用纸巾擦干水，进行简单的处理。然后用保鲜膜一块一块包起来，放到金属托盘上冷冻。冷冻之后移到冷冻保鲜袋里，除去空气后冷冻保存。

Hint

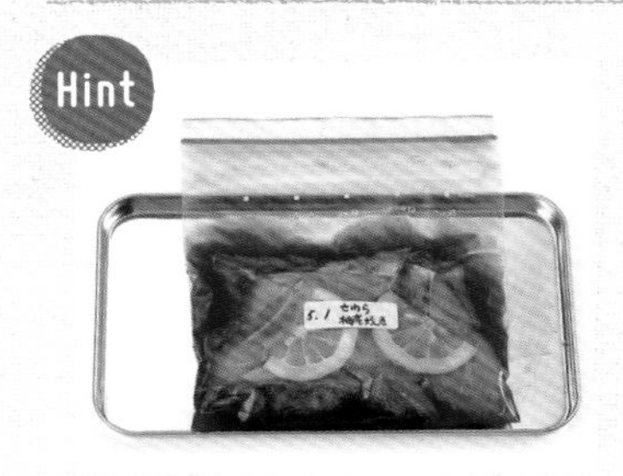

### 柚庵酱汁调味

用调味料调味后再冷冻可延长保存期限，防止变味。建议使用可提升香味、抑制腥味的柚庵酱汁调味。将简单处理后的鱼块和调味汁（等量的酱油、酒、料酒和适量柚子薄片）一起放进冷冻保鲜袋里冷冻。在半解冻状态下擦干调味汁，然后再烤。

### 味噌腌制、酒糟腌制之后再冷冻

味噌腌制料、酒糟腌制料可根据自己的喜好调制。味噌腌制料中可添加少许酒或砂糖使其软一点。酒糟腌制料中可添加少许酒糟和料酒调制。无论是味噌腌制料还是酒糟腌制料，腌制调味之前都需要将鱼块撒盐后放置一会儿。擦干水，涂上味噌腌制料或者酒糟腌制料，在冰箱中冷冻1～2天，然后用保鲜膜包上再冷冻。在冷藏室或者常温下半解冻，擦掉味噌腌制料或者酒糟腌制料，用小火烤。

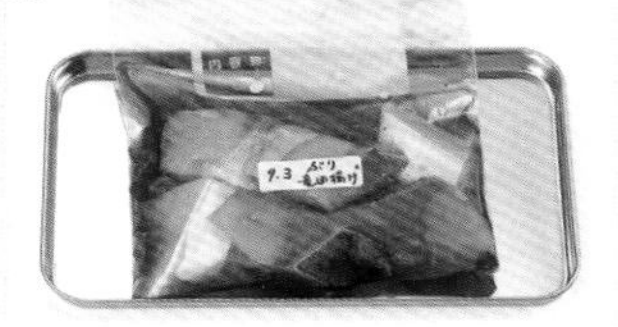

### 调味后冷冻（龙田油炸）

加入生姜，可消除鱼腥味。把鱼块切成2～3小块，撒上盐放一会儿，擦干水。和调味汁（酱油、酒、料酒、生姜末各2大匙）一起放入冷冻保鲜袋里，除去空气后冷冻保存。自然解冻或者用微波炉半解冻后擦干水，裹上太白粉油炸。

# 小鱼、鱼肉糜

西太公鱼、竹荚鱼、小沙丁鱼、小干白鱼等都是比较适合冷冻的便当食材。买来之后，需要马上零散冷冻或者分成小份冷冻。因为含有盐分，所以注意是否有水滴出现。零散冷冻后，使用时只需要拿出所需分量即可，也比较方便。提前把生鱼分成小鱼块，用起来会更方便。

**保存期限和解冻方法**

- 保存期限：2～4周。
- 不需要解冻，可直接烹饪调理。

Hint

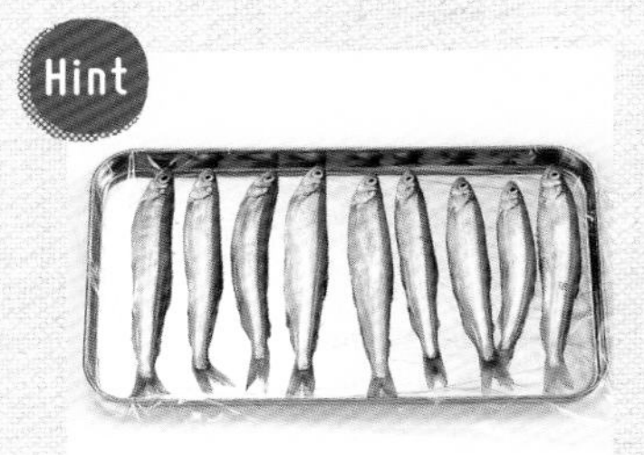

### 把小鱼零散冷冻起来

西太公鱼、竹荚鱼等小鱼，去除内脏后，洗干净，撒上盐后把水擦干。裹上保鲜膜，放进金属托盘里，零散冷冻。冷冻之后移到冷冻保鲜袋里，除去空气后冷冻保存。使用时，拿出所需分量，油炸或者烤之后用于便当配菜的制作。油炸用的鱼块也可提前调味，然后裹上面粉后冷冻。

Hint

### 小沙丁鱼、小干白鱼需要摊开冷冻

把小沙丁鱼、小干白鱼摊到铺有保鲜膜的金属托盘上，上面盖上保鲜膜之后冷冻。冷冻之后迅速移到冷冻保鲜袋或者存放容器里。尤其是小沙丁鱼容易散发出鱼腥味，所以移动时要迅速。可以生鱼冷冻，也可干炒之后冷冻。这些食材可用于凉拌菠菜中。

Hint

### 把鱼肉糜摊薄、摊平冷冻

从鱼身上取下三片鱼肉，去刺去皮，切成细丝，用擂钵或者食物搅拌机打碎。用盐、砂糖、酒、料酒（青鱼需添加味噌）调味，之后和太白粉混合。如果有点硬，可添加少许水。处理后的鱼肉糜放到保鲜膜上，薄薄地摊开，包好后，放到金属托盘上冷冻。冷冻之后移到冷冻保鲜袋里保存。可保存2～3周。

### 鱼肉丸子加热后冷冻

鱼肉糜做成丸子后煮一下或油炸，完全凉凉之后再零散冷冻。一般市场上出售的冷冻肉糜也可使用这种方法再冷冻。冷冻之后移到冷冻保鲜袋里，除去里面的空气后保存。解冻时可自然解冻或者用微波炉解冻。油炸之后、半解冻状态下均可使用。可保存1个月左右。

# 其他海鲜产品

一般市场上出售的虾大多是解冻之后的，所以煮过之后再冷冻比较好。乌贼水分少，一般不会出现水滴，适合冷冻。做饭团的食材——咸鳕鱼子、辣椒鳕鱼子即使再冷冻，也不会变味，适合冷冻。鳗鱼烤鱼片也比较适合冷冻。

**保存期限和解冻方法**

- 保存期限：基本上是3~4周。
- 解冻方法：根据烹饪用途而不同。

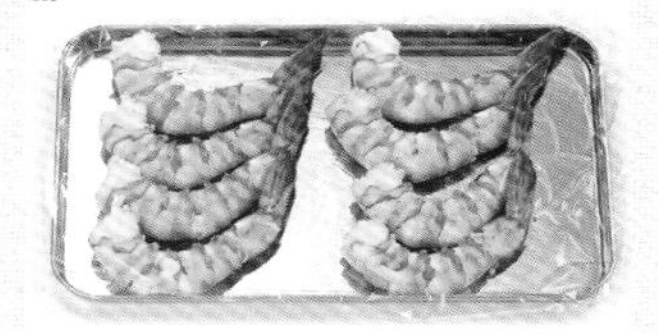

### 虾煮过之后再冷冻

虾去除背肠，煮一下，余热退去，剥壳，完全凉凉之后放到铺有保鲜膜的金属托盘上，上面盖上保鲜膜冷冻。冷冻之后移到冷冻保鲜袋里，除去里面的空气后保存。解冻后的虾，可用于醋拌凉菜、沙拉、炒菜、炒饭、炒面、杏力蛋饭等料理当中。

Hint

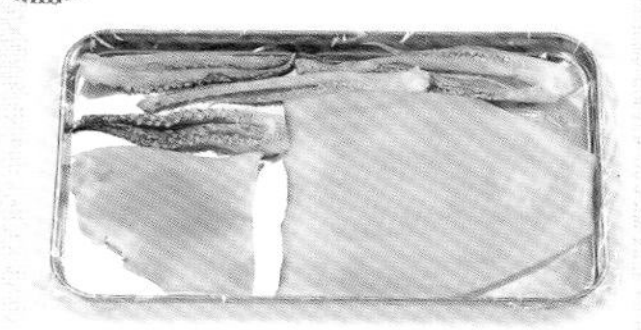

### 乌贼放到托盘里零散冷冻

经过简单处理后的乌贼，放到铺有保鲜膜的金属托盘上，上面盖上保鲜膜后零散冷冻。冷冻之后移到冷冻保鲜袋里保存。也可切成易于食用的大小之后，用生姜烧等方法调味后再冷冻。味噌腌制、酒糟腌制之后冷冻也是很好吃的。

Hint

### 咸鳕鱼子、辣椒鳕鱼子分成小份冷冻

为了缩短咸鳕鱼子、辣椒鳕鱼子冻结、解冻的时间，建议分成小份后再冷冻，少量使用起来也很方便。小的话直接分成2份即可，大的话可分成4份，用保鲜膜包好冷冻。冷冻之后移到冷冻保鲜袋里保存。解冻时需要在冷冻的状态下切开。生食时要趁新鲜冷冻，这样解冻后即可食用。

Hint

### 鳗鱼烤鱼片用保鲜膜包住冷冻

烤鱼片根据用途分成小份，用保鲜膜包好冷冻。冷冻之后移到冷冻保鲜袋里保存。也可和调味汁一起冷冻。不加作料的烤鱼片也按照这种方法冷冻。抽掉竹签后再冷冻，保鲜膜包起来也方便。可使用微波炉解冻。解冻后浇上调味汁，用微波炉或者烤箱加热烤制。鳗鱼烤鱼片常用于鳗鱼卷鸡蛋、鳗鱼盖浇饭、散寿司饭等便当配菜当中。

Column*

# 如何做出好吃的大米饭

一般每天的便当就是米饭搭配三种配菜。便当用的米饭装盒时机不同，味道也不同。前一天晚上设置好电饭锅的时间即可。这里介绍一下煮米饭的基本方法。

**材料**

大米························ 450g
水 ················比大米用量多1/3

**煮米饭的方法**

1 量大米（A），可使用电饭锅里自带的杯子帮助测量。

2 把量好的大米倒进大一点的盆里，倒点水，搅拌一下，然后迅速把水倒掉。主要是为了不让大米吸收到米糠或者其他脏东西，所以动作要迅速。重复此动作2~3次。

3 倒掉水后，用手掌摁压大米，淘一下，不断重复该步骤（B）。淘米，直到盆里的水不再混浊后把水倒掉。注意淘米的水不要被大米吸收了，所以动作一定要快、要到位。

4 不断重复步骤3，直到盆里的水不再混浊（C）。然后把大米倒进筐子里（D），控水。

5 把大米倒进电饭锅里，加入一定量的水，水大概比大米多1/3的量即可。盖上盖子，泡30min至1h，然后插上电源，开始煮。煮好后焖10min左右。如果是前一天晚上设置好的，建议第二天做便当之前稍微提早一点煮好。

6 搅拌米饭时动作要轻（E）。往便当盒里装米饭时也要注意不要破坏米粒的口感（F）。

A 大米和水的量会影响做好后的口感，所以一定要测量好其使用分量。

B 淘米时，不要太用力，否则大米的外层会被破坏，影响口感。

C 淘到水不再混浊即可。

D 把米倒进筐子里控水，这样也便于煮米饭时调整水的用量。

E 煮好的米饭用沾水的饭勺轻轻地搅拌。

F 把热米饭装进便当盒里。装米饭时不能太用力，装得不能太紧，否则容易破坏米粒的口感，要轻轻地装进去。

梅干具有杀菌、防腐的效果，所以一般便当中都放有梅干，可防止便当变味。其实现在梅子由于咸度、酸味不够，也不可过度相信其防腐效果。一般推荐咸淡、酸味和米饭比较搭配的梅子，在卫生层面不要期望太高。

* "Column"意为"专栏"。

Part 2

# 各种各样便利的冷藏配菜

料理指导：牛尾理惠

在这里，我们推荐可以用冰箱保存的便当配菜。

它们是既可长时间存放，解冻又不费功夫的简单易做的配菜。

最大的方便之处在于使用分量比较灵活。

可参照其他配菜的分量，调节其用量。

一般便当主要是装主菜，副菜简单装一点就可以了。

冷藏配菜放进冰箱期间，

味道能更加充分地渗入、融合到一起，会更好吃。

而且，冷藏配菜除了用于便当之外，也可用于晚饭。

当然有了这些配菜，每天做饭也会变得很简单。

味道稍浓点的咸烹海味、干烧菜等直接食用也是很好的，

也可用于煎鸡蛋、炒菜当中，用法灵活，味道鲜美，

建议有时间一定要尝试做一些。

只需从冰箱中拿出装入便当盒即可，口感丰富。
副菜主要使用了一些蔬菜，色鲜味美。

# 酱炖猪肉便当

炖猪肉的汤汁渗透到米饭当中，相当好吃。

处理汤汁时，如图所示在配菜下面铺上生菜叶之类的材料，可有效防止汤汁渗漏。铺上两层绿色卷叶菜或者沙拉蔬菜，色彩搭配协调，而且可填补配菜间的空隙。

# 猪肉炖海带便当

通过冷藏保存之后，味道渗透得更充分，和米饭非常搭配。

猪肉炖海带

海带条满满的健康款猪肉配菜，和大米饭最为搭配的还数酱油味的配菜。

▶p.95

扁豆角
海苔奶酪卷

绿色的扁豆角让人眼前一亮，海苔、奶酪搭配在一起，口味绝佳。配菜大小合适，吃起来也方便。

▶p.145

梅干

糖裹炸红薯条

便当盒里装些甜食，搭配享用。不要做得太甜，充分感受食材本身的美味。

▶p.147

米饭

撒些黑芝麻，再放上一颗梅干防止变味。

想带些水果、蔬菜什么的，最好用别的容器。一起装进盒子里的话，可能会产生水分，整个便当盒就会湿漉漉的，不卫生，便当口味也不好。

# 清炖猪肉便当

清炖猪肉搭配煮鸡蛋，分量充足。

油炸食物、厚肉块装盒时，需要切开，注意切的尺寸。要充分考虑到便当盒的深度、宽度，这样装起来方便又好看，不会产生空隙。

# 莲藕肉片大杂烩便当

事先做好的配菜，再简单地添加点蔬菜，分量就会很充足。

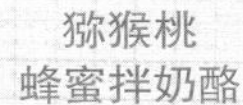

猕猴桃
蜂蜜拌奶酪

便当中加入少许水果，会使整体的口感清爽很多。也可使用腌泡橘子（p.146），也非常好吃。

▶p.148

莲藕肉片大杂烩

莲藕肉片大杂烩炖煮时加入梅干，不仅酸味有了，还可延长其存放时间。但是装盒时一定要注意控除汤汁。

▶p.95

南瓜肉松煮饭

因为主菜稍带酸味，所以搭配甜味的副菜，口感会平衡一点。也可使用橘皮果酱烧鸡胸肉（p.34），口感也不错。

▶p.114

米饭

如图所示，在米饭上撒上鳕鱼子。每天不同种类的鱼粉拌紫菜，也是很令人期待的。

无论如何搭配装盒，看起来都会很美观的便当盒也是很重要的。可选择木制、竹制等的便当盒，映衬多彩的配菜。尤其是黑色的便当盒，显得紧凑而精致，效果不错，建议一试。

# 酱炖猪肉

●控除汤汁后装盒

冷藏1周

咸甜味的基础上增添味噌，瞬间提升便当的醇厚口感。

**材料**（4人份）

猪肩肉块……………… 400g
大葱绿色部分……… 1根的分量
生姜…………………… 1块
水……………………… 半杯
A［酱油、砂糖……… 各1大匙
　 料酒、酒………… 各3大匙
味噌…………………… 1大匙

**制作方法**

1 把猪肉块用线系住，防止煮散了。建议买个煮猪肉用的网。然后把猪肉放进锅里，把大葱、用刀拍碎的生姜都放进去，加水盖住这些材料。用火煮，煮沸后，换成小火，炖煮90min左右。

2 捞出猪肉，控除汤汁，把线解开，然后切成易于装盒的大小。

3 然后把猪肉再放进锅里，加入半杯水，放入材料A，盖上锅盖，用中火煮5min。差不多煮好后，放入味噌。

4 然后移到可以存放汤汁的容器里，凉凉之后，盖上盖子，冷藏起来。

★没有装肉的网时，可在瘦肉店里拜托店主装好。

1人份
1343kJ

point 1

**把肉装进肉网里**

用线系肉比较难一点，建议把肉装进肉网里，比较方便。

point 2

**用铝箔盖住猪肉**

用铝箔盖住猪肉，不容易煮干，而且味道容易渗透到里面。

# 清炖猪肉

关于装盒 ●控除汤汁后装盒

保存期限 冷藏1周

配菜稍带酸味，会让食欲大增。尤其煮鸡蛋会让便当的分量也变得不一般。

1人份 1586kJ

**材料**（4人份）

猪肩肉块………………400g
大蒜……………………适量
生姜……………………1块
煮鸡蛋…………………4个
水………………………半杯
A［醋、料酒………… 各2大匙
　 酱油、酒………… 各3大匙

**制作方法**

1 把猪肉块用线系住，防止煮散了。建议买个煮猪肉用的网。用刀把大蒜、生姜都拍碎。

2 把步骤1的材料放进锅里，加水盖住这些材料。用火煮，煮沸后，换成小火，炖煮90min左右。

3 把汤汁倒掉，捞出猪肉，消除余热。把线解开，然后切成易于装盒的大小。

4 把猪肉、煮鸡蛋再放进锅里，加入半杯水，放入材料A，盖上锅盖，用中火煮5min。

5 连汤汁一起移到可以存放汤汁的容器里，凉凉之后，盖上盖子，冷藏起来。

point 1

事先把肉煮一下，再炖

事先把肉煮一下，可把多余的脂肪、肉腥味去除掉。

point 2

醋可增添猪肉的清爽、柔软口感

炖猪肉时放点醋，可中和一下油腻味，同时肉会变得更软。

蔬菜清爽的香味扑鼻而来。

## 洋葱酱烧炖猪肉

关于装盒 •控除汤汁后装盒

保存期限 冷藏1周

**材料**（4人份）

猪里脊肉（炸猪排用）··· 4块
盐 ·················· 半小匙
A
- 碎洋葱 ···· 1/4个的分量
- 大蒜末、生姜末 ······· 各半小匙
- 酱油 ············· 3大匙
- 芝麻油 ··········· 1小匙

**制作方法**

1 把猪肉切成易于食用的大小，撒上盐。不喜欢吃肥肉的话，可切掉。

2 把步骤1的材料放进小锅里，添加可盖住猪肉分量的水，开火煮。煮沸后，换成小火，煮5min左右，关火，直接凉凉。之后把肉捞出来，连锅带汤汁一起放进冰箱冷藏。

3 把浮在肉汤上面的硬油脂去掉，之后加入搅拌好的材料A，然后移到存放容器里。把刚才煮的猪肉再放进去，盖上盖子，进行冷藏。

冷藏期间大豆更入味。

## 猪肉大豆萝卜混合炖

关于装盒 •控除汤汁后装盒

保存期限 冷藏5天

**材料**（易于制作的分量）

猪肩肉块 ············ 200g
水煮大豆（罐装）·········· 净重100g
萝卜 ··········· 长3～4cm
水 ··················· 1杯
芝麻油 ············· 2小匙
A
- 酱油、料酒 ··· 各2大匙
- 蚝油 ············ 2小匙
- 红辣椒 ············ 1个

**制作方法**

1 把猪肉、萝卜切成2cm长的块。

2 锅加热后放入芝麻油，炒猪肉。加入萝卜、大豆，简单混合炒一下。然后加入1杯水，加入材料A，盖上锅盖，用小火炖煮10min左右。

3 移到存放容器里，凉凉之后，盖上盖子，进行冷藏。

加入梅干一起煮，可延长存放时间。

# 莲藕肉片大杂烩

 •控除汤汁后装盒

 冷藏1周

**材料**（4人份）

猪肉薄片……………200g
莲藕…………………50g
胡萝卜……………1/3根
盐……………………少许
A
- 梅干………………2个
- 酒…………………半杯
- 酱油、料酒…各2大匙
- 砂糖……………1小匙
- 山椒……………半小匙

低筋面粉、
色拉油……………各适量

**制作方法**

1 把猪肉切成易于食用的大小，撒上盐。莲藕、胡萝卜切成5mm厚的半月形。

2 把材料A放入锅里，煮一下。稍稍沸腾即可，然后倒进存放容器里。

3 把步骤1的材料裹上低筋面粉，用170℃的色拉油炸。趁热放入步骤2的汤料里，腌泡。凉凉之后，盖上盖子，进行冷藏。

★冷藏期间，可以时不时地搅拌一下，让食材更加均匀地入味。

作为主菜、副菜均大受欢迎的配菜。

# 猪肉炖海带

 •控除汤汁后装盒

 冷藏1周

**材料**（6人份）

猪肉薄片……………200g
海带条………………10g
鲜香菇………………3个
A
- 酱油、
- 料酒………各1½大匙
- 红辣椒……………1个

**制作方法**

1 把猪肉切成易于食用的大小。海带条放入水中浸泡，泡过的水留下1杯。香菇去根后切成5mm厚的片。

2 平底锅中不要加油，直接放入猪肉，用中火炒。炒出多余的油脂后用厨用纸巾吸干。

3 加入海带、泡海带的水、香菇、材料A，盖上锅盖，稍稍煮沸后，换成小火，煮15min左右。移到存放容器里，凉凉之后，盖上盖子，进行冷藏。

1人份
293kJ

改变调味方法、搭配组合，冷藏的鸡肉配菜也可以做出各式各样的便当。提前做些自己喜欢的配菜，每天做便当就很轻松了。

# 醋腌炸鸡翅便当

非常下米饭的便当配菜组合。

装配菜时，一定不要留缝隙，装紧凑点，带着走时，就不会晃荡了。装完后，用筷子检查一下，如果还有空隙，可增加点副菜。

# 日式筑前煮便当

主菜是炖菜，可增添油炸配菜，吃起来更有满足感。

便当百吃不厌，关键在于酸甜口味搭配适中。常备煮豆、醋泡咸菜、泡菜等，做便当时会很方便的。

# 咖喱煮鸡肉鹌鹑蛋便当

颇受欢迎的咖喱配菜和意大利面组合，轻松完成。

**意大利面**

意大利面做好后，分成小份冷冻，使用时比较方便，尤其是米饭不够时，用起来更方便。

▶p.64

**肉桂香蕉**

略带辣味的主菜搭配点甜点，口味平衡一下。自然解冻的香蕉吃起来口感酥软，颇有点心的感觉。

▶p.146

**米饭**

搭配咖喱吃，要多装点米饭。上面可撒些腌紫苏籽。

**咖喱煮鸡肉鹌鹑蛋**

汁少量足的咖喱配菜非常适合做便当主菜。冷藏保存中味道渗透进去的鹌鹑蛋放进去更好吃。

▶p.103

咖喱配菜一般适合在家用餐，但是制作时稍微多做点就可以做自己的便当了。食用时要注意配菜有没有变味，有没有水分产生，和凉米饭是否搭配等。

# 鸡肉叉烧便当

事先做好的鸡肉，做出清爽口感，让人非常有饱足感。

**小萝卜凉拌蟹肉棒**

用柚子汁，可少放点醋，进行凉拌。装盒时要放入杯子后再装，防止汁儿洒出。

▶p.139

**炸牛蒡**

调味稍浓的牛蒡，油炸之后，成为吃起来非常有饱足感的副菜，同时可补充食物纤维。

▶p.129

**鸡肉叉烧**

厚厚的鸡肉块做成叉烧，口味清爽。放到米饭上，然后浇上煮过的汤汁。

▶p.100

**米饭**

鸡肉叉烧放到米饭上之前，撒些海苔。

- 竹篮、小匣子等以前的便当工具，用起来方便又卫生，对食物的味道也不会有影响。竹制、木制的便当盒能够吸收便当米饭里的水分，且透气性比较好。

# 鸡肉叉烧

关于装盒 ●直接装盒

保存期限 冷藏1周

使用鸡胸肉做成清爽的口味，煮的汤汁做成调味汁浇到上面。

**材料（4人份）**

鸡胸肉……………………2块
水…………………………半杯
A
- 酱油……………………3大匙
- 料酒、酒…………各2大匙
- 蜂蜜……………………1大匙
- 大蒜末、生姜末…各半小匙

**制作方法**

1 把鸡皮裹到鸡肉上，用线系上。在鸡皮上用竹签插上孔。

2 把步骤1的材料、半杯水、材料A放入小锅里，盖上锅盖，开火煮。煮沸后换成小火，煮10min左右。关火，直接凉凉。

3 把鸡肉拿出来，把线解开，切成易于食用的大小，移到存放容器里保存。

4 然后煮一半汤汁，煮稠，浇到步骤3的材料上。凉凉后，盖上盖子，进行冷藏。

point 1

用线系住

鸡肉卷好之后，用线系住。注意一圈一圈地缠住，形状要整齐。

point 2

用蜂蜜调味

煮时加入蜂蜜，煮稠，变成调味汁，口感非常好。

# 日式筑前煮

●直接装盒

冷藏1周

日式筑前煮主要使用鸡肉和根菜，既可以做便当的主菜，也可以做副菜。

**材料**（4人份）

鸡腿肉 ······················1块
牛蒡························半根
莲藕························80g
胡萝卜 ······················半根
鲜香菇 ······················4个
水 ··························1杯
扁豆角 ······················5根
芝麻油 ····················2小匙
**A** 酱油、料酒 ········ 各2大匙

**制作方法**

**1** 把鸡腿肉切成一口能食用的块状。

**2** 把牛蒡削皮后，大概切一下。把莲藕、胡萝卜也大概切成一口能食用的大小。鲜香菇去根后竖着切成4等份。牛蒡用水焯一下，控除水分。

**3** 把锅加热后放入芝麻油，炒一下步骤**1**的材料。上色后加入步骤**2**的材料，混合炒。然后加入1杯水、材料**A**。盖上锅盖，用小火煮10min左右。

**4** 把扁豆角处理后切成3cm长，加入步骤**3**的材料里，直至煮干。然后移到存放容器里，凉凉后，盖上盖子，进行冷藏。

point 1

用芝麻油炒各种材料

用芝麻油炒过之后，鸡肉腥味可消除，蔬菜也不容易煮烂。

point 2

使水分蒸发尽

作为便当的配菜，最好要煮到水分蒸发尽。

用余热加热后，肉不会干透。

## 盐水鸡

关于装盒 ●控除汤汁后装盒

保存期限 冷藏1周

**材料**（4人份）

鸡胸肉……………… 2块
盐…………………… 1小匙
砂糖………………… 半小匙
酒…………………… 半杯

**制作方法**

1 将鸡胸肉裹上盐、砂糖，放进有盖子的厚锅里。

2 加点酒，盖好盖子，用中火煮5min左右。然后关火，直接凉凉。

3 切成易于食用的大小后，移到存放容器里，有汤汁的情况下汤汁一起放进去，然后冷藏。装进便当盒里时，根据个人喜好可加入醋、酱油之类的食材。

大块的土豆可提升便当的分量。

## 土豆炖鸡

关于装盒 ●控除汤汁后装盒

保存期限 冷藏5天

**材料**（4人份）

鸡腿肉……………… 1块
盐、胡椒粉……… 各少许
生姜末…………… 1/3小匙
土豆………………… 2个
胡萝卜……………… 半根
水…………………… 1杯
洋葱………………… 半个
色拉油…………… 2小匙
A 酱油、料酒…各1½大匙

**制作方法**

1 将鸡腿肉切成一口能食用的大小，撒上盐、胡椒粉、生姜末。

2 将土豆、胡萝卜切成一口能食用的大小。洋葱也切成相同的大小。

3 将锅加热后放入色拉油，把步骤1的材料放进去。上色后，加入洋葱混合炒。炒软后，加入土豆、胡萝卜、1杯水、材料A，盖上锅盖，稍稍煮沸后，换成小火，煮10min左右。

4 土豆煮好后，换成大火，煮到汤汁变干。移到存放容器里，完全凉凉之后，盖上盖子，进行冷藏。

提前做好，鹌鹑蛋会更入味。

## 咖喱煮鸡肉鹌鹑蛋

●直接装盒

冷藏1周

### 材料（4人份）

- 鸡腿肉……400g
- 洋葱……半个
- 大蒜……适量
- 煮鹌鹑蛋……8个
- 水……半杯
- 色拉油……2小匙
- 盐、胡椒粉……各少许
- A
  - 番茄酱……2大匙
  - 咖喱粉、酱油……各1½小匙

### 制作方法

1 将鸡腿肉切成一口能食用的大小，撒上盐、胡椒粉。洋葱切成菱形，大蒜切成细丝。

2 将锅加热后放入色拉油和大蒜，炒出香味时，放入鸡肉炒一下。上色后，加入洋葱混合炒。

3 加入鹌鹑蛋、半杯水、材料**A**，盖上锅盖，开始煮。用中火煮5min左右，煮到汤汁几乎没有。移到存放容器里，完全凉凉之后，盖上盖子，进行冷藏。

冰箱冷藏期间，鸡翅更入味。

## 醋腌炸鸡翅

●控除汤汁后装盒

冷藏1周

### 材料（4人份）

- 鸡翅中……8根
- 盐、胡椒粉……各少许
- 大葱……半根
- 低筋面粉、色拉油……各适量
- A
  - 米醋、酱油、酒……各2大匙
  - 砂糖……2小匙
  - 姜片……适量
  - 红辣椒……1个

### 制作方法

1 将鸡翅中撒上盐、胡椒粉。大葱斜切。

2 把材料**A**放入小锅里，稍稍煮沸后，移到存放容器里。

3 用170℃的色拉油把大葱炸一下，然后将鸡翅中裹上低筋面粉油炸。都趁热放进步骤**2**的存放容器里。凉凉之后，盖上盖子，进行冷藏。

★冷藏期间，可以时不时地搅拌一下，让材料更加均匀地入味。

# 以冷藏的牛肉配菜为主菜的便当

冷藏的牛肉配菜做成咸烹海味，或者加姜、花椒等炖煮，各种各样的菜肴，非常适合做便当配菜。提前做一些，早晨做起便当来就很轻松了。

## 韩式牛肉咸烹海味便当

满满分量的牛肉搭配鱼类配菜，量足味美。

**韩式牛肉咸烹海味**

牛肉用芝麻粉、大蒜调味，做成烤肉风格，看着就非常有食欲。

▶p.107

**蛋黄酱烧旗鱼**

主菜是咸烹海味，再增加一种鱼类配菜。蛋黄酱烧旗鱼就是不错的选择，记得放块柠檬。

▶p.56

**米饭**

在米饭上撒点海苔，增添便当的色彩感。

**南瓜茶巾绞**

增添一样甜点配菜，整体口感就比较平衡了。尤其是配菜里没有蔬菜时，可通过南瓜来补充维生素。

▶p.149

- 便当盒大小不一，种类繁多，装完米饭时需要称一下重量。一般小孩用的茶杯1杯米饭是100g，会产生703kJ的热量。而女性用的茶杯1杯米饭的分量是110～130g。

# 大葱牛肉煮便当

这是一款牛肉盖浇饭，尤其是汤汁渗透到米饭里，更入味。

### 大葱牛肉煮

牛肉配菜里一般都会添加杏鲍菇。盛到米饭上，做成盖浇饭风格，尤其是酱油汤汁搭配米饭会更好吃。

▶p.106

### 红生姜

提起牛肉盖浇饭，就离不开红生姜。色彩、口感均会提升许多。

### 米饭

### 味噌芝麻烧鲑鱼

再增加一样烤鱼类配菜，分量就会更充足。也可使用生姜乌贼烧（p.59）。

▶p.55

### 拌焯烤芦笋

副菜建议使用汤汁腌泡的煎烧类配菜和有香味的冷藏配菜。脆脆的口感，会非常好吃。

▶p.144

便当盒的清洁是非常重要的。便当盒的盖子也要清洗得非常干净，尤其是沟沟槽槽的边缘部分，不要有米饭、配菜残留。

# 大葱牛肉煮

关于装盒 ●控除汤汁后装盒

保存期限 冷藏1周

可以做成大家喜爱的咸甜味，盛到米饭上，牛肉盖浇饭就完工了。

1人份
900kJ

**材料**（4人份）

牛肉片……200g
大葱……1根
杏鲍菇……1个
色拉油……1小匙
A 酱油、料酒、酒……各1½大匙
A 砂糖……2小匙

**制作方法**

1 将牛肉切成易于食用的大小。大葱切成4cm长，然后竖着切成两半；杏鲍菇也切成同样长度的薄片。

2 将平底锅加热后放入色拉油，炒牛肉、大葱、杏鲍菇，然后加入材料**A**，用稍微强点的中火炒。

3 移到存放容器里，完全凉凉之后，盖上盖子，进行冷藏。

point 1

注重大葱、杏鲍菇的口感

大葱、杏鲍菇的口感非常重要，所以切时，最好长度一致。

point 2

控除汤汁后装盒

装入便当盒时，用漏勺装；或者用筷子摁压，控除汤汁。

# 韩式牛肉咸烹海味

关于装盒 ●直接装盒

保存期限 冷藏1周

大蒜、生姜、芝麻粉调味，烧烤风格，非常适合做米饭的下饭菜。

**材料**（6人份）

牛肉片 ………………… 300g
大蒜、生姜 …………… 各适量
芝麻油 ………………… 2小匙
A 红辣椒 ………………… 1个
A 酱油 ………………… 2大匙
A 砂糖 ………………… 1大匙
白芝麻粉 ……………… 2大匙

**制作方法**

1 将牛肉切成细条状，大蒜和生姜切成稍粗点的丝状。

2 在平底锅里放入大蒜、生姜、芝麻油，开火炒，炒出香味后，放入牛肉。

3 牛肉变色后，加入材料A，炒到汤汁几乎没有。炒好后放入白芝麻粉。

4 移到存放容器里，完全凉凉之后，盖上盖子，进行冷藏。

point 1

**牛肉切成细条状**

牛肉片需要切成细条状，便于食用。

point 2

**调味蔬菜需要切成稍粗的丝状**

为了和牛肉混合炒时更入味，需要将调味蔬菜切成稍粗的丝状，比细丝状时口味更温和。

竹笋口味清脆，吃起来非常有满足感。

## 竹笋味噌煮牛肉

●控除汤汁后装盒

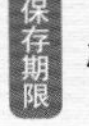

冷藏1周

**材料**（4人份）

牛肉片……200g
煮竹笋……200g
生姜……1块
水……1杯
A ┌酒……3大匙
　 │味噌、砂糖、
　 └酱油……各1大匙

**制作方法**

1 将牛肉切成易于食用的大小，竹笋切成一口能食用的大小，生姜切成稍粗点的丝状。

2 平底锅里不放油，直接放入牛肉，快速炒一下。放入1杯水、竹笋、生姜、材料A，盖上锅盖，用小火煮5min左右。

3 移到存放容器里，完全凉凉之后，盖上盖子，进行冷藏。

既可做便当的主菜，也可做饭团的馅。

## 生姜烧牛肉

●直接装盒

冷藏1周

**材料**（6人份）

牛肉片……300g
生姜……1块
酒……半杯
A ┌酱油、料酒…各2大匙
　 └蜂蜜……$1\frac{1}{2}$大匙

**制作方法**

1 牛肉横、竖切，切成小块状。生姜切成稍粗点的丝状。

2 平底锅里不放油，直接放入牛肉，炒至变色。加入生姜，快速混合炒一下，加入酒煮。

3 煮至水分蒸发完，加入材料A，混合煮。煮好后移到存放容器里，完全凉凉之后，盖上盖子，进行冷藏。

七味辣椒粉调味后，让人欲罢不能。

# 蒟蒻煮牛肉

● 控除汤汁后装盒

冷藏1周

**材料**（4人份）

- 牛肉片……………200g
- 蒟蒻……………………1块
- 芝麻油……………2小匙
- 水………………………1杯
- A
  - 酱油……………2大匙
  - 砂糖……………1大匙
  - 七味辣椒粉……半小匙

**制作方法**

1 将牛肉切成易于食用的大小。蒟蒻用勺子舀出来，最好是一口能食用的大小，然后稍微煮一下。

2 将平底锅加热后放入芝麻油，先放入牛肉，再放蒟蒻，混合炒。然后加入1杯水、材料**A**，盖上锅盖，用小火煮10min左右。

3 煮至汤汁几乎没有，然后移到存放容器里。完全凉凉之后，盖上盖子，进行冷藏。

1人份
845kJ

这款配菜可以和面包一起做成三明治，非常好吃。

# 洋葱腌泡牛肉

● 控除汤汁后装盒

冷藏1周

**材料**（6人份）

- 牛肉片……………300g
- 洋葱……………………1个
- 盐、胡椒粉………各少许
- 橄榄油……………2小匙
- A
  - 醋、酱油……各3大匙
  - 大蒜末、盐、
  - 胡椒粉…………各少许

**制作方法**

1 将牛肉切成易于食用的大小。洋葱切成薄片，撒上盐，简单揉一下；出水后，使劲拧一下。把材料**A**混合后放到存放容器里。

2 将牛肉撒上盐、胡椒粉。平底锅加热后放入橄榄油，炒牛肉。趁热放到存放容器里腌制，然后加入洋葱，搅拌。

3 完全凉凉之后，盖上盖子，进行冷藏。

1人份
808kJ

从简单到复杂的肉末配菜，非常适合用来制作便当。

# 鸡肉松便当

鸡肉松无论何时，都是非常受欢迎的必备便当配菜之一。

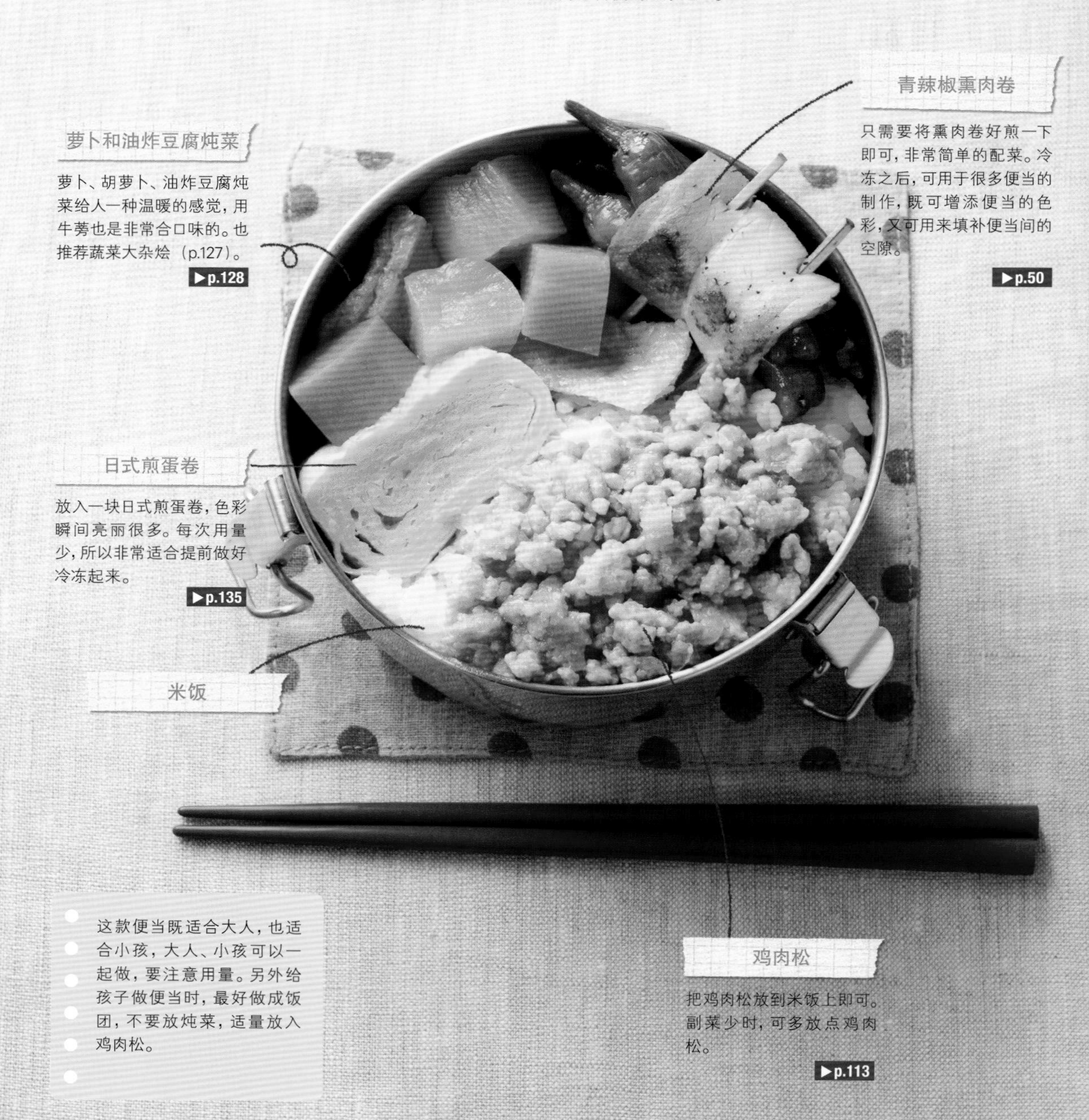

**萝卜和油炸豆腐炖菜**

萝卜、胡萝卜、油炸豆腐炖菜给人一种温暖的感觉，用牛蒡也是非常合口味的。也推荐蔬菜大杂烩（p.127）。

▶p.128

**青辣椒熏肉卷**

只需要将熏肉卷好煎一下即可，非常简单的配菜。冷冻之后，可用于很多便当的制作，既可增添便当的色彩，又可用来填补便当间的空隙。

▶p.50

**日式煎蛋卷**

放入一块日式煎蛋卷，色彩瞬间亮丽很多。每次用量少，所以非常适合提前做好冷冻起来。

▶p.135

**米饭**

**鸡肉松**

把鸡肉松放到米饭上即可。副菜少时，可多放点鸡肉松。

▶p.113

这款便当既适合大人，也适合小孩，大人、小孩可以一起做，要注意用量。另外给孩子做便当时，最好做成饭团，不要放炖菜，适量放入鸡肉松。

# 油炸豆腐卷肉末便当

将各种事先做好的配菜搭配组合到一起，很令人期待的一款便当。

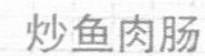

炒鱼肉肠

在副菜稍微不充分的情况下，使用这款配菜非常合适。也可使用咖喱白菜蒸锅（p.134）。

▶p.139

中式炒面

炒面冷冻时分成小份，可补充便当配菜的分量。也可和饭团一起享用，非常美味。

▶p.65

油炸豆腐卷肉末

卷肉末时可能要花费点功夫，但是提前做好，只需从冰箱中拿出装盒即可。还可享受手工制作带来的快乐。

▶p.116

饭团

在配菜比较丰富的情况下，用海苔卷上米饭，做个饭团即可。

在天热的情况下，米饭中稍微放点醋再蒸，味道会更好。一般150g大米放1小匙醋即可。蒸米饭过程中可能会有醋味，但是凉凉之后就没有了，一点都不会酸的。

# 白菜卷肉末

清汤配酱油煮出日式饭菜的口味，搭配米饭食用，口感松软。

关于装盒 ●控除汤汁后装盒

保存期限 冷藏1周

**材料**（4人份）

白菜（大叶）……8片
混合肉末……300g
洋葱……1/4个
鲜香菇……2个
生姜……1块
水……1½杯
盐……少许

A
- 搅匀的蛋液……半个鸡蛋的分量
- 米饭……50g
- 盐、胡椒粉……各少许

B
- 清汤宝、酱油……各1小匙
- 料酒……1大匙
- 盐……半小匙
- 胡椒粉……少许

**制作方法**

1 将白菜帮子厚的地方薄薄地削掉，大叶用盐水煮一下。削掉的部分切成细丝。

2 将洋葱、鲜香菇、生姜都切成细丝，然后和步骤1切成细丝的白菜、肉末混合到一起。加入材料A，搅拌之后8等分，放到刚才煮过的白菜大叶上卷起来，用牙签固定住。

3 把步骤2的材料放入锅里，加入1½杯水、材料B，盖上锅盖，用大火稍稍煮沸后，换成小火，煮10min左右。

4 完全凉凉之后，连汤汁一起移到存放容器里，盖上盖子，进行冷藏。

point 1

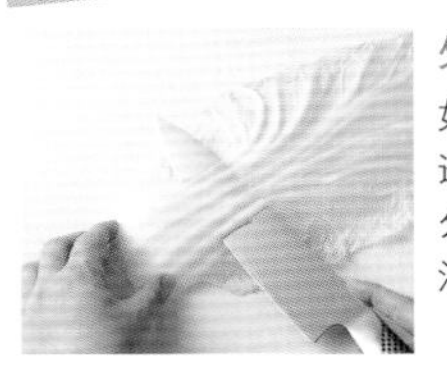

处理白菜帮子

如图所示，把刀放进白菜帮子厚的部分中，薄薄地削掉，注意厚度一致。

point 2

卷肉馅

从白菜的根部开始卷起，注意卷的时候，两边的菜叶也要折卷进去。

# 鸡肉松

●直接装盒

冷藏1周

制作这道配菜的关键在于使用味噌调味。也可使用煎鸡蛋、炖菜等作为鸡肉松的拌菜。

**材料**（6人份）

鸡肉末 ………………… 300g
生姜 ……………………… 1块
A ┌酱油、酒、味噌 …… 各1大匙
　 └料酒 ……………… 2大匙

**制作方法**

1 将生姜切成细丝。

2 把鸡肉和步骤1的材料放进平底锅里，炒一下，炒至有点发干的程度。加入材料A混合炒。

3 煮至汤汁几乎没有。完全凉凉之后，连汤汁一起移到存放容器里，盖上盖子，进行冷藏。

1人份
456kJ

point 1

生姜切成细丝

为了和肉末调制入味，生姜要切成细丝。

point 2

用味噌调味

味噌可以调制出咸甜味，掩盖鸡肉的肉腥味。

# 南瓜肉松煮饭

红辣椒、味噌能提升其甜味，非常适合做便当的配菜。

●直接装盒

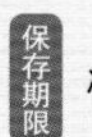

冷藏1周

**材料（4人份）**

猪肉末 …………………… 200g
水 ……………………… 1½杯
南瓜 …………… 半个（约500g）
A
- 料酒 ………………… 2大匙
- 酱油 ……………… 1½大匙
- 味噌 ………………… 2小匙
- 红辣椒 ………………… 1个

**制作方法**

1 南瓜不用去皮，直接切成一口能食用的大小，注意切成如图所示的形状。

2 把猪肉末直接放进未加热的平底锅里，不用放油，用中火炒至变色。

3 加入1½杯水、步骤**1**的材料和材料**A**，盖上锅盖，稍微煮沸，用小火煮10min左右。

4 煮至汤汁几乎没有。完全凉凉之后，移到存放容器里，盖上盖子，进行冷藏。

point 1

**南瓜边角削一下**

南瓜块的边角处薄薄地削一下，这样一来就不容易煮烂了。

point 2

**直接炒猪肉末**

炒肉末时，不用放油。另外，未加热的平底锅炒肉不会粘锅。

# 土豆炒肉末

用榨菜提升其辣味、咸味，做成一道让人印象深刻的便当配菜。

• 直接装盒

冷藏1周

1人份
766kJ

**材料**（4人份）

混合肉末 ·················· 200g
土豆 ················ 1个（约200g）
榨菜 ························ 20g
生姜丝 ············· 1块的分量
芝麻油 ··················· 2小匙

A
- 酱油、醋 ··········· 各2大匙
- 蚝油、砂糖 ········ 各2小匙
- 酒 ····················· 3大匙

**制作方法**

1 将土豆如图所示切成5mm宽的细条状，榨菜切得稍微粗点。

2 把芝麻油和生姜放入平底锅里加热，炒出香味后，放入混合肉末，炒一下。

3 加入步骤**1**的材料，混合炒。土豆炒得差不多时，用厨用纸巾把多余的油脂吸掉，加入材料**A**，煮一下，煮到汤汁几乎没有。

4 移到存放容器里，完全凉凉之后，盖上盖子，进行冷藏。

point 1

粗切榨菜

榨菜切得太细就没有味了。所以切成5～6mm宽的粗条状。

吸掉多余的油脂

最好在放调味料之前把多余的油脂吸掉，否则会影响口感。

非常有弹性的蒟蒻能提升配菜的口感。

# 蒟蒻猪肉丸子

关于装盒 ● 直接装盒

保存期限 冷藏1周

**材料**（4人份）

猪肉末 ……………… 300g
蒟蒻 ……………………… 100g
鲜香菇 ………………… 4个
大葱 ……………………… 半根
生姜 ……………………… 1块
A
- 面包糠 ……………… 2大匙
- 太白粉 ……………… 2小匙
- 盐 …………………… 1/3小匙

色拉油 ………………… 2小匙
B
- 酒 …………………… 3大匙
- 酱油、料酒 ……… 各1½大匙
- 砂糖 ………………… 2小匙
- 红辣椒 ……………… 1根

**制作方法**

1 将蒟蒻切成7～8mm宽的块状，煮一下之后捞到竹筐里。鲜香菇去根后切成细丝状。大葱、生姜也切成细丝状。

2 把步骤1的材料、材料A放入肉末里，搅拌。分成8等份，做成丸子。

3 在平底锅加热后放入色拉油，把步骤2的丸子两面煎一下。盖上盖子，用小火焖煎3min左右，使里面能熟透。然后加入搅拌好的材料B，一起再焖煮一下。

4 移到存放容器里，完全凉凉之后，盖上盖子，进行冷藏。

1人份
1038kJ

这道配菜需要稍微花费点功夫，但是很美味。

# 油炸豆腐卷肉末

关于装盒 ● 直接装盒

保存期限 冷藏5天

**材料**（4人份）

油炸豆腐 ……………… 2块
猪肉末 ……………… 200g
扁豆角 ………………… 10根
A
- 面包糠 ……………… 4大匙
- 搅匀的蛋液 … 半个鸡蛋的分量

水 ……………………… 1/4杯
调味汁（不添加其他东西）…… 3/4杯

**制作方法**

1 把油炸豆腐切成片。浇上开水去油。

2 把材料A加入肉末里，搅拌，分成2等份。然后放到步骤1的材料上，添加处理过的扁豆角。从一端开始卷，卷结束的地方用牙签固定住。

3 把步骤2的材料、调味汁、1/4杯水放入锅里，盖上锅盖，稍微煮沸后，换成小火，再煮15min左右。然后凉凉，切成易于食用的大小。移到存放容器里，盖上盖子，进行冷藏。

牛肉末搭配蘑菇，口感非同一般。

# 肉末蘑菇咸烹海味

●直接装盒

冷藏1周

**材料**（4人份）

牛肉末……………100g
鲜香菇………………3个
丛生口蘑、舞茸…… 各半包
A
- 酒、料酒 …各1½大匙
- 酱油…………… 2小匙
- 砂糖…………… 1小匙
- 红辣椒…………… 1个

**制作方法**

1 将鲜香菇去根后切成薄片状，丛生口蘑、舞茸去根后掰开。

2 把肉末直接放进未加热的平底锅里，不用放油，用中火炒至变色。把步骤1的材料、材料A放入肉末里，混合炒。

3 移到存放容器里，完全凉凉之后，盖上盖子，进行冷藏。

提前做好，更入味。

# 高野豆腐夹肉煮

●控除汤汁后装盒

冷藏1周

**材料**（4人份）

高野豆腐……………4块
鸡肉末……………120g
大葱………………1/4根
A
- 太白粉…………2小匙
- 盐…………1/4小匙

B
- 汤汁……………… 2杯
- 淡味酱油、料酒、酒………… 各2大匙
- 砂糖…………… 2小匙

**制作方法**

1 把高野豆腐泡到水里，使其变软，然后清洗。洗到水变清，拿出来切成两半。如图所示将豆腐做出切口，使之成为袋状。把大葱切成细丝。

2 把大葱、肉末、材料A放进小盆里，搅拌。等份装进高野豆腐里。

3 把步骤2的材料放进小锅里，浇上材料B，盖上锅盖，稍微煮沸后换成小火，煮10min左右。凉凉之后，连汤汁一起移到存放容器里，盖上盖子，进行冷藏。

## 以冷藏的海鲜类配菜为主菜的便当

时间越久，味道渗透越充分，这就是冷藏配菜最有魅力的地方。接下来介绍一下冷藏的海鲜类配菜便当。

# 金枪鱼块便当

注意咸淡口味，装盒时可放入好几块。

**金枪鱼块**

手工调味后，口味不会太重，可作为便当主菜使用。当然，和米饭搭配在一起是非常美味的。

▶p.125

**油炸胡萝卜**

虽然只有一种蔬菜——胡萝卜，但是油炸之后，感觉就不一样了。鱼块和两样副菜，已经足够了。

▶p.129

**米饭**

和副菜搭配比较协调的情况下，可在米饭上放点青紫苏，然后再放点有盐味的极其薄的海带。

**梅子野姜凉拌鸡胸肉**

主菜是鱼类配菜的情况下，使用和梅子、野姜口味比较协调的肉类作为副菜。也可使用洋葱腌泡牛肉（p.109）。

▶p.140

为了便当色彩搭配协调，可放点毛豆、蚕豆、南瓜等，一般市场上出售的冷藏蔬菜也可以。用微波炉加热（加热时间遵循商品的要求）后，稍微撒点盐，装盒即可。尤其用来填补便当缝隙时更方便。

# 鲑鱼南蛮渍便当

鱼类主菜搭配鸡肉牛蒡菜饭，吃起来非常过瘾。

### 鲑鱼南蛮渍

主菜鲑鱼很入味，放入胡萝卜、青椒、洋葱等蔬菜后，口味更佳。

▶p.123

### 咸菜

口感、色彩都比较不错的芜菁是很好的选择。

### 鸡肉牛蒡菜饭

和鱼类主菜最为搭配的就是鸡肉饭。提前做好，分成小份，每次食用时，只需用微波炉加热即可。

▶p.62

### 香菇蒟蒻辛辣煮

带点辣味的副菜会让人食欲大增。除此之外，也可选用炒黄椒（p.136）。

▶p.130

装带汤汁的青菜时，要注意处理好汤汁，建议使用干松鱼薄片。在杯子下面放上干松鱼薄片，装上控除汤汁后的青菜，上面再放点干松鱼薄片，吸取汤汁。当然这种方法也可用于其他料理。

# 根菜炖炸鱼肉饼便当

主菜为炖菜，搭配糖醋丸子，味道简直美极了。

**糖醋丸子**

主菜为根菜炖炸鱼肉饼，再搭配一个肉类配菜就完美了。可以分成小份冷冻，装盒时即使装一个，量也够了。

▶p.42

**根菜炖炸鱼肉饼**

建议根菜与炸鱼肉饼搭配炖煮。装盒时切记要先控除汤汁。

▶p.125

- 天热的时候，便当容易变味，所以需要加热之后完全凉凉再装盒。另外加热的量不要太多。如果有汤汁出现，最好控除汤汁之后再装盒。

**洋葱煮小干白鱼**

炖菜、糖醋丸子再搭配比较下饭、增进食欲的甜咸的咸烹海味会更好。也可使用味噌青花鱼肉松（p.124）。

▶p.128

**米饭**

嘎吱嘎吱的梅子切碎撒到米饭上。红色醒目，酸味提神。

# 乌贼辛辣煮便当

主菜味道非常浓、入味，是很不错的下饭菜。

**西式牛肉**

只有乌贼作为主菜有点太单一，所以可添加些冷冻的肉末配菜。也推荐使用鸡肉饼（p.45）。

▶p.44

**红腰豆沙拉**

色彩亮丽的冷冻的豆类配菜，自然解冻，非常好吃。也可使用咖喱腌泡红椒（p.141）。

▶p.138

**乌贼辛辣煮**

使用苦椒酱进行辛辣调味的主菜。乌贼作为便当配菜时，味道调浓点比较好吃。

▶p.124

**米饭**

米饭上撒点绿色的鱼粉拌紫菜，增添色彩感与风味，建议常备。

便当配菜更好吃的办法就是使用辛辣料调味。不同的料理使用不同的调味料，比如辣椒粉、黑胡椒粉、山椒粉、七味辣椒粉等，稍微撒一点，既有香味，口味又非同寻常。

# 甘露煮沙丁鱼

关于装盒 ●直接装盒

保存期限 冷藏1周

使用新鲜的沙丁鱼，可以多制作点存放着。沙丁鱼尤其可以补钙。

1人份
594kJ

**材料**（6人份）

沙丁鱼……8条
盐……少许
色拉油……2小匙
水……1杯
A 生姜片……1块的分量
A 酱油、酒……各2大匙
A 蜂蜜、料酒……各1大匙

**制作方法**

1 将沙丁鱼除去鱼头、鱼肠、鱼尾，清洗干净，擦干。每条切成2~3等份，撒上盐。

2 平底锅加热后放入色拉油，把步骤1的材料放进去，两面烤成焦黄色后，用厨用纸巾吸取多余的油脂。

3 加入1杯水、材料A，盖上锅盖，用小火煮30min左右。

4 用大火煮，煮至汤汁几乎没有。

5 移到存放容器里，完全凉凉之后，盖上盖子，进行冷藏。

point 1

**给沙丁鱼撒上盐**

切好的沙丁鱼都要撒上盐，使之入味。

point 2

**吸取多余的油脂**

若有油脂残留，容易产生腥味。所以油脂处理完之后，再放入调味料。

# 鲑鱼南蛮渍

●控除汤汁后装盒

冷藏1周

刚刚炸好的鲑鱼腌制后，放进冰箱冷藏。浓浓的味道渐渐渗透到里面，最适合做便当配菜。

1人份
812kJ

**材料**（4人份）

生鲑鱼 ……………………4块
洋葱…………………… 1/4个
胡萝卜 ……………………20g
青椒………………………1个
盐、胡椒粉…………… 各少许
低筋面粉、色拉油 …… 各适量

A
- 汤汁、酱油 ……… 各3大匙
- 醋…………………… 7大匙
- 砂糖 ……………… $1\frac{1}{2}$大匙
- 红辣椒 ………………1个

**制作方法**

**1** 把每块鲑鱼切成2～3等份，撒上盐、胡椒粉。

**2** 把洋葱切成薄片，胡萝卜、青椒切成细丝。把材料**A**放进存放容器里混合。

**3** 把步骤**1**的材料裹上低筋面粉，用170℃的色拉油炸，控油后趁热放到材料**A**里腌制。把步骤**2**的材料加进去，放置一会儿凉凉。

**4** 等蔬菜变软后，搅拌一下。盖上盖子，进行冷藏。

★冷藏期间，可以时不时地搅拌一下，让材料更加均匀地入味。

point 1

切蔬菜时，注意长短一致

切蔬菜时，长短一致容易调味，而且还很整齐好看。

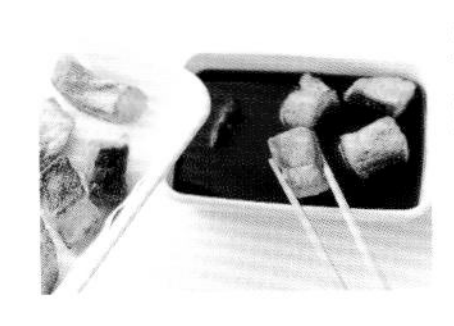

刚刚炸好后就腌制

鲑鱼炸好后就腌制到汤汁里，会比较入味。

用芝麻油炒过之后，提升其香味和口感。

## 乌贼辛辣煮

 •直接装盒

 冷藏1周

### 材料（4人份）

- 乌贼…………2条（约450g）
- 芝麻油 ……………2小匙
- A
  - 酒………………3大匙
  - 酱油 ……………1大匙
  - 砂糖、白芝麻粉 …… 各2小匙
  - 苦椒酱…………1小匙

### 制作方法

1 将乌贼切除腕足和内脏，剥掉薄膜，切成1.5cm厚的圆形。把腕足和内脏连接处处理好之后，切成易于食用的大小。

2 平底锅加热后放入芝麻油，炒一下乌贼，然后加入混合后的材料**A**，混合炒。

3 移到存放容器里，完全凉凉之后，盖上盖子，进行冷藏。

1人份
640kJ

无论是米饭还是饭团，都比较搭配。

## 味噌青花鱼肉松

 •直接装盒

 冷藏1周

### 材料（易于制作的分量）

- 青花鱼（半条）………… 2块
- 生姜丝 ………1块的分量
- 色拉油 ……………1小匙
- A
  - 酒………………2大匙
  - 酱油、料酒 … 各1大匙
  - 味噌 ……………2小匙
  - 砂糖 ……………1小匙

### 制作方法

1 将青花鱼肉用勺子刮下来，注意不要有鱼刺刮进去。

2 将平底锅加热后放入色拉油、生姜丝，炒一下，炒出香味后，放入步骤**1**的材料混合炒。

3 用厨用纸巾吸取多余的油脂，加入搅拌后的材料**A**，一起炒。

4 移到存放容器里，完全凉凉之后，盖上盖子，进行冷藏。

★这个分量用来做鱼肉松饭，可以用4次左右。

全部
3414kJ

在金枪鱼比较便宜的情况下多制作些。

# 金枪鱼块

关于装盒 ●直接装盒

保存期限 冷藏1周

**材料**（易于制作的分量）

金枪鱼块……………300g
生姜…………………1块
A 酱油、料酒、酒……………各3大匙
砂糖……………2小匙

**制作方法**

1 把金枪鱼块放到竹筐里，浇上热水，焯一下。生姜切成细丝。
2 把材料A和生姜放入锅里，煮沸，加入金枪鱼。不间断地翻着，煮至汤汁几乎没有。
3 移到存放容器里，完全凉凉之后，盖上盖子，进行冷藏。

全部
2611kJ

炸鱼肉饼的香甜味渗透到根菜里。

# 根菜炖炸鱼肉饼

关于装盒 ●控除汤汁后装盒

保存期限 冷藏5天

**材料**（6人份）

炸鱼肉饼……………4块
牛蒡…………………半根
莲藕…………………60g
胡萝卜……………1/3根
萝卜…………………100g
A 汤汁……………2杯
淡味酱油、料酒………各1½大匙

**制作方法**

1 将炸鱼肉饼切成一口能食用的大小。牛蒡削皮后大概切一下。莲藕、胡萝卜、萝卜切成2cm宽的块状。牛蒡用水焯一下，然后晾干。
2 把步骤1的材料和材料A放入锅里，盖上锅盖，用大火稍微煮沸，换成小火煮20min左右。
3 完全凉凉之后，移到存放容器里，盖上盖子，进行冷藏。

1人份
381kJ

# 普罗旺斯炖菜

为了便于装盒，少放点番茄，关键一定不要有水分。

• 直接装盒

冷藏1周

1人份
100kJ

**材料**（4人份）

番茄……………………1个
黄椒……………………半个
大葱……………………半根
鲜香菇…………………4个
茄子……………………1个
大蒜……………………适量
橄榄油…………………1大匙
月桂叶…………………1片
A 盐……………………半小匙
A 胡椒粉、酱油………各少许

**制作方法**

1 将番茄横着切成两半，去籽，然后大概切一下。大蒜切成细丝。

2 将黄椒切成1.5cm宽的块状，大葱切成1.5cm长的段，鲜香菇去根后竖着4等分，茄子切成1.5cm宽的块状。

3 把橄榄油、大蒜放进锅里加热，炒出香味后，加入步骤**1**、**2**的材料炒一下。等番茄变软后放入月桂叶，盖上盖子，用小火煮10min左右。加入材料**A**调味。

4 移到存放容器里，完全凉凉之后，盖上盖子，进行冷藏。

point

切蔬菜时注意长短一致

切蔬菜时，长短一致容易调味，而且外观好看。

# 蔬菜大杂烩

五颜六色的蔬菜油炸后腌制即可，冷藏期间更入味，更美味。

关于装盒 ●控除汤汁后装盒

保存期限 冷藏1周

**材料**（4人份）

南瓜……………………100g
莲藕……………………100g
胡萝卜…………………1/3根
洋葱……………………1/4个
色拉油…………………适量

A
- 汤汁…………………1杯
- 酱油、料酒……各1½大匙
- 酒……………………1大匙
- 盐……………………少许
- 生姜汁……………半小匙
- 红辣椒………………1个

**制作方法**

1 将南瓜、莲藕、胡萝卜切成1cm厚的、一口能食用的大小。洋葱也切成相同的大小。

2 把材料A混合后倒入锅里，稍微煮沸，移到存放容器里。

3 用170℃的色拉油按照步骤1的切菜顺序将蔬菜油炸，控油后趁热腌泡到步骤2的调味料里。

4 完全凉凉之后，盖上盖子，进行冷藏。

point 1

生姜汁和红辣椒一定要放进汤汁里

无论是生姜汁还是红辣椒，都可以提升口感，而且还可以延长存放时间。

point 2

油炸之后马上腌泡

蔬菜油炸之后，捞出来控油，马上腌泡。

提前做好更入味。

## 萝卜和油炸豆腐炖菜

● 直接装盒

冷藏1周

**材料**（6人份）

萝卜……………………5cm长
胡萝卜……………………2/3根
油炸豆腐……………………适量
水……………………1杯
A
- 淡味酱油、料酒、
- 酒……………………各2大匙
- 砂糖……………………2小匙
- 芝麻油……………………1小匙

**制作方法**

1 将萝卜、胡萝卜切成2cm宽的块状。油炸豆腐浇上热水去油后，横着切成两半，然后切成1cm宽的块状。

2 把步骤1的材料、1杯水、材料A放进小锅里，盖上锅盖，用大火煮，煮沸后换成小火，再煮10min左右。

3 移到存放容器里，完全凉凉之后，盖上盖子，进行冷藏。

1人份
92kJ

加点醋可延长存放时间。

## 洋葱煮小干白鱼

● 控除汤汁后装盒

冷藏1周

**材料**（6人份）

洋葱……………………1个
小干白鱼……………………2大匙
芝麻油……………………2小匙
水……………………半杯
A
- 酱油……………………1大匙
- 醋、砂糖……………………各2小匙

**制作方法**

1 将洋葱切成两半，然后切成5mm宽的块状。

2 把芝麻油放进小锅里，加热，炒步骤1的材料。洋葱变软后，放入小干白鱼，混合炒一下。然后加入半杯水、材料A，盖上锅盖，用小火煮10min左右。

3 煮至汤汁几乎没有，移到存放容器里。完全凉凉之后，盖上盖子，进行冷藏。

1人份
134kJ

色彩、甜味尤其突出，常用作副菜。

## 油炸胡萝卜

- 烤箱加热
- 直接装盒

冷藏1周

**材料**（2人份）

胡萝卜 ················ 1根
盐 ·················· 半小匙
低筋面粉、搅匀的蛋液、面包糠、色拉油 ······ 各适量

**制作方法**

1 把胡萝卜切成两半，稍粗的部分竖着6～8等分，细的部分竖着4等分。然后抹上盐，用冒有蒸汽的蒸笼蒸5min左右。拿出来，凉到竹筐里，除去余热。

2 依次裹上低筋面粉、搅匀的蛋液、面包糠，用170℃的色拉油炸。

3 余热消去，移到存放容器里。盖上一层厨用纸巾，盖上盖子，进行冷藏。

★装盒时，可根据自己的喜好，添加相应的调味汁。

搭配米饭，口感咸甜，味道不一般。

## 炸牛蒡

- 直接装盒

冷藏1周

**材料**（6人份）

牛蒡 ··················· 1根
A ┌ 酱油、料酒 ··· 各2大匙
  └ 生姜汁 ··········· 1小匙
太白粉、低筋面粉、
色拉油 ············· 各适量
盐 ···················· 少许

**制作方法**

1 将牛蒡去皮后切成3cm长的条状，细的部分不用再切，稍粗的部分竖着再切成两半。搅拌材料**A**，然后把牛蒡浸泡到材料**A**里30min左右。

2 将步骤**1**的材料控除汤汁后，裹上同量的太白粉、低筋面粉，用160℃的色拉油炸。

3 控油后，撒上盐，待余热消去，移到存放容器里。盖上一层厨用纸巾，盖上盖子，进行冷藏。

稍微放一点山椒海带，搭配米饭食用，口感甚是令人惊喜哟。

## 山椒海带

●直接装盒

冷藏1周

### 材料（易于制作的分量）

海带…… 1片（6cm×20cm）
小干白鱼…………3大匙
山椒粉…………1小匙
A ┌酱油、
  │料酒………各1½大匙
  └砂糖…………2小匙

### 制作方法

1 把海带泡到水里，使其变软，然后用剪刀剪成边长1cm的方块状。留出1杯泡海带的水。

2 把海带、海带水、小干白鱼、山椒粉放进锅里，加入材料A，盖上锅盖，用小火炖15min左右。

3 炖至汤汁几乎没有，移到存放容器里。完全凉凉之后，盖上盖子，进行冷藏。

放入红辣椒，延长存放时间。

## 香菇蒟蒻辛辣煮

●控除汤汁后装盒

冷藏1周

### 材料（6人份）

鲜香菇……………6个
蒟蒻………………1块
芝麻油…………1大匙
红辣椒圈…………适量
水…………………半杯
A ┌酱油…………2大匙
  │料酒、酒……各1大匙
  └砂糖…………1小匙

### 制作方法

1 将鲜香菇去根后竖着4等分。用手把蒟蒻分成易于食用的大小，然后用开水烫一下。

2 把蒟蒻放进加热后的平底锅里，炒至吃起来有清脆感。然后加入芝麻油、红辣椒圈、香菇混合炒，之后加入半杯水和材料A，用中火煮5min左右，煮至汤汁几乎没有。

3 移到存放容器里，完全凉凉之后，盖上盖子，进行冷藏。

增添便当甜味时的首选。

# 煮制金时豆

• 控除汤汁后装盒

冷藏1周

**材料**（6人份）

水煮金时豆（罐装）…………净重150g
水…………………3/4杯
A
- 砂糖…………3大匙
- 淡味酱油……半小匙
- 盐……………少许

**制作方法**

1 把金时豆、3/4杯水、材料A放进锅里，盖上锅盖，用中火煮10min左右。

2 煮至汤汁几乎没有，移到存放容器里。完全凉凉之后，盖上盖子，进行冷藏。

1人份
226kJ

酸味、香味能让人食欲大增的一道副菜。

# 大豆腌泡汁

• 控除汤汁后装盒

冷藏1周

**材料**（4人份）

混合豆类（冷冻）……150g
莳萝（新鲜）…………3枝
A
- 醋、橄榄油…各3大匙
- 砂糖…………1小匙
- 盐……………半小匙
- 大蒜末………1/3小匙
- 胡椒粉…………少许

**制作方法**

1 把莳萝切碎放进小盆里，加入材料A，搅拌。

2 把混合豆类倒入竹筐里，用流水冲洗。之后控干水分，倒入步骤1的材料里，搅拌。

3 移到存放容器里，盖上盖子，进行冷藏。

1人份
640kJ

# 合理使用便当用的各种调味料

要使便当配菜口味更好，关键就在于各种调味料的合理使用。调味汁、酱油、蛋黄酱、番茄酱等在需要食用便当时再加入。这里介绍一下使用各种调味料的小窍门。

### 专用瓶子

一般市场上出售的专门装小份调味料的小瓶子大小不一，有装酱油的，有装调味汁的，已经成了家庭做便当的常备品。最近，又出现了装番茄酱、蛋黄酱等的细口的瓶子，可以将食材直接挤进容器里，非常方便（图**A**）。

### 杯子形状

装搭配炸薯条食用的番茄酱、搭配蔬菜棒食用的蛋黄酱等时，使用杯子形状的容器比较方便，而且一般还会有专门的盖子（图**B**）。

### 保鲜膜

如果没有专门装调味料的容器，可使用保鲜膜，也很方便。剪一块边长15cm的正方形保鲜膜，放进一个容器里，然后在中心处挤上番茄酱或者蛋黄酱（图**C**），四周托起来拧一下（图**D**），做成荷包形状，然后用橡皮筋固定住（图**E**）。使用时用牙签扎个孔挤出来即可（图**F**）。

### 放在配菜下面

做便当时，有时会使用纸杯或者硅胶杯，所以可提前把调味料放在杯子底部，然后再装配菜。蛋黄酱可以直接装进去；酱油可融进干松鱼薄片里，这样不会洒出，同时增添了美味（图**G**）。

### 分成小份的调味包

早晨装便当时，为了不费时间，可使用市场上出售的分成小份的调味包。除了常用的酱油、蛋黄酱、番茄酱等，还有橙醋、辣椒调味料等（图**H**）。

Part 3

# 色彩斑斓的配菜和便当单品菜

p.134 ~ p.149料理指导：牛尾理惠

装便当时最关键的在于主菜和副菜要搭配平衡。

比如茶褐色的肉类、鱼类主菜，装盒时最好增添色彩亮丽的副菜，

整体的感觉就会好很多。

提前做一些能够提升便当美感、口感的配菜，

早晨做便当、装盒时就会变得很轻松了，不必再为色彩搭配而苦恼、纠结。

另外，填补便当空隙的副菜也需要好好准备。

可用稍甜的配菜或者甜点，

给单调的便当带来不一样的口感与美味。

早晨，轻松一做，便当单品菜就出炉了。

哪怕是一个咸菜、一个汤，

只要掌握好这些色彩绚烂、口感丰富的小配菜，

做起便当来就会更轻松自如。

一个鸡蛋即可增添分量，又可协调色彩。

## 咖喱白菜蒸锅

•直接装盒

冷冻1~2周

**材料（6人份）**

- 白菜……………………150g
- 鸡蛋……………………6个
- 盐……………………1/3小匙
- 咖喱粉……………… 半小匙
- 胡椒粉……………… 少许

**制作方法**

1 将白菜切成5mm宽的细条，撒上盐，轻轻揉一下会出水。出水后拧一下，之后加入咖喱粉、胡椒粉，搅拌。

2 把步骤1的材料等份放进小杯里，然后分别打一个鸡蛋，摆到烤箱的平板上。用200℃的烤箱烘烤20min左右，使里面能熟透。

3 完全凉凉之后，移到存放容器里，盖上盖子，进行冷冻。

脆脆的沙拉，提升便当的清脆口感。

## 胡萝卜沙拉

•控除汤汁后装盒

冷藏1周

**材料（4人份）**

- 胡萝卜……………… 1根
- 盐……………………1/3小匙
- 胡椒粉……………… 少许
- A
  - 柠檬汁、橄榄油、酸豆……………各1大匙
  - 芥末粒……………1小匙

**制作方法**

1 将胡萝卜用专门的工具切成细丝，放进小盆里，撒上盐、胡椒粉。

2 把材料A与胡萝卜搅拌好，一起放到存放容器里，盖上盖子，进行冷藏。

奶酪冷冻后效果会更好。

# 奶酪杏力蛋

• 直接装盒

冷冻1~2周

**材料**（6人份）

鸡蛋…………………… 3个

A
- 奶酪粉、鲜奶油……… 各2大匙
- 盐……………… 1/3小匙
- 胡椒粉…………… 少许
- 芹菜细丝……… 1大匙

黄油…………………… 10g

**制作方法**

**1** 打鸡蛋，加入材料**A**，搅拌。

**2** 把黄油放到平底锅里，加热使其熔化，然后把步骤**1**的材料倒进去。用筷子搅拌至半熟的状态，对折，做成杏力蛋。

**3** 用勺子将其等份放入小杯里，然后放到存放容器里。完全凉凉之后，盖上盖子，进行冷冻。

★装盒时，可根据自己的喜好添加番茄酱。

一个便当一般只装一块即可。

# 日式煎蛋卷

• 直接装盒

冷冻1~2周

**材料**（6块的分量）

鸡蛋…………………… 3个

A
- 蛋黄酱、酱油、砂糖………… 各1小匙
- 汤汁……………… 2大匙
- 盐………………… 少许

色拉油……………… 适量

**制作方法**

**1** 打鸡蛋，加入材料**A**，搅拌。

**2** 加热煎蛋器，放上薄薄的一层色拉油，把步骤**1**的材料倒入1/3的量，摊平。煎至表面稍微干了之后，卷起来。

**3** 再次在煎蛋器上放上薄薄的一层色拉油，把步骤**1**的材料分2次倒进去，重复刚才的步骤2次，做成煎蛋卷。

**4** 凉凉后切成6等份，放进小杯里，然后放到存放容器里，盖上盖子，进行冷冻。

把切好的胡萝卜腌制一下即可，非常简单。

## 味噌腌胡萝卜

● 控除汤汁后装盒

冷藏1周

**材料**（易于制作的分量）

胡萝卜 ················ 1根

A
- 味噌 ············· 3大匙
- 料酒 ············· 2大匙
- 砂糖 ············· 2小匙

**制作方法**

1 把胡萝卜切成5cm长的条状。

2 把材料A搅拌后倒进小盆里，把步骤1的材料倒进去，好好搅拌。移到存放容器里。

3 在冰箱里冷藏1天以上，再开始食用。

★随着存放时间的推移，胡萝卜会出水。装盒时，一定要注意控除汤汁后再装。

全部
787kJ

亮亮的黄色提升便当的色彩绚丽感。

## 炒黄椒

● 直接装盒

冷冻1~2周

**材料**（6人份）

黄椒 ··················· 2个
红辣椒圈 ············· 少许
芝麻油 ·············· 2小匙
A 酱油、料酒 ··· 各2小匙

**制作方法**

1 将黄椒竖着4等分，去籽，然后横着切成5mm宽的块状。

2 把芝麻油和红辣椒圈放进平底锅里，加热后，放入步骤1的材料炒一下。然后加入材料A，混合炒。

3 等份放入小杯里，然后放到存放容器里。完全凉凉之后，盖上盖子，进行冷冻。

1人份
130kJ

关键在于辛辣调味。

# 韩式凉拌南瓜丝

• 直接装盒

冷冻1~2周

**材料**（6人份）

南瓜··········1/4个（250g）

A
- 芝麻油、
- 白芝麻········各1大匙
- 酱油·············1小匙
- 盐·············2/3小匙
- 红辣椒圈·········适量

**制作方法**

**1** 将南瓜去皮切成细丝，用热水煮一下，捞到竹筐里，控水。

**2** 把步骤**1**的材料放进小盆里，加入材料**A**，搅拌。等份放入小杯里，然后放到存放容器里，盖上盖子，进行冷冻。

与甜土豆神似的甜点。

# 烤红薯

• 直接装盒

冷冻1~2周

**材料**（6人份）

红薯··········1个（约300g）

A
- 黄油···············30g
- 盐··············1/4小匙
- 胡椒粉···········少许

奶酪粉、牛奶····各3大匙

**制作方法**

**1** 将红薯切成1cm厚的圆形块状。放进耐热盘子里并裹上保鲜膜，用微波炉加热5min。

**2** 把步骤**1**的材料趁热倒进小盆里，加入材料**A**，弄碎。然后加入奶酪粉、牛奶，搅拌。等份放进硅胶小杯（或者铝箔杯）里。

**3** 然后摆到烤箱的平板上，烘烤5min，凉凉。移到存放容器里，盖上盖子，进行冷冻。

海苔风味可以让蔬菜味道更鲜美。

## 海苔凉拌红椒

关于装盒 •直接装盒

保存期限 冷冻1~2周

**材料**（6人份）

红椒……………………2个
烤海苔……………… 1/4片

A
- 芝麻油…………2小匙
- 白芝麻、
- 酱油 ………… 各1小匙
- 盐……………… 少许
- 大蒜末…………1/3小匙

**制作方法**

**1** 将红椒竖着4等分，去籽。然后横着切成细条，用开水煮一下，捞到竹筐里。

**2** 用手揉过海苔之后，放进小盆里。步骤**1**的材料控水后也放进小盆里，加入材料**A**，搅拌。

**3** 等份放入小杯里，然后放到存放容器里，盖上盖子，进行冷冻。

1人份
126kJ

脆脆的洋葱可以提升便当的口感。

## 红腰豆沙拉

关于装盒 •直接装盒

保存期限 冷冻1~2周

**材料**（6人份）

水煮红腰豆
（罐装）………… 净重200g
洋葱………………… 半个
盐 ………………1/4小匙

A
- 橄榄油、
- 柠檬汁……… 各1大匙
- 芹菜细丝 ……… 半小匙
- 盐、胡椒粉 …… 各少许

★干芹菜也可以。

**制作方法**

**1** 将洋葱切成细条，撒上盐揉一下。出水后，要使劲拧一下。

**2** 把红腰豆放进小盆里，加入步骤**1**的材料、材料**A**，搅拌。

**3** 等份放入小杯里，然后放到存放容器里，盖上盖子，进行冷冻。

1人份
310kJ

使用柚子汁做成酸酸的口感。

## 小萝卜凉拌蟹肉棒

●直接装盒

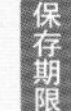

冷冻1~2周

**材料**（6人份）

小萝卜 ················20个
盐 ··················1/3小匙
蟹肉棒 ········7根（约70g）
A ┌柚子汁 ···········2小匙
　 └淡味酱油 ········· 少许

**制作方法**

**1** 将小萝卜去叶之后切成薄薄的圆片，撒上盐，轻揉一下，出水后，使劲拧一下。

**2** 把蟹肉棒切成2cm长的棒状，然后切成细条，和步骤**1**的材料、材料**A**一起放进小盆里，搅拌。

**3** 等份放入小杯里，然后放到存放容器里，盖上盖子，进行冷冻。

粉红色的香肠搭配绿色的海苔。

## 炒鱼肉肠

●直接装盒

冷冻1~2周

**材料**（6人份）

鱼肉肠 ·······3根（约200g）
橄榄油 ···············2小匙
绿色海苔、胡椒粉··· 各少许

**制作方法**

**1** 把鱼肉肠切成1cm厚的小块状。

**2** 在平底锅中加入橄榄油加热，炒步骤**1**的材料，然后加入海苔、胡椒粉。

**3** 等份放入小杯里，然后放到存放容器里。完全凉凉之后，盖上盖子，进行冷冻。

1人份
276kJ

这道菜作为三明治的夹心配菜更好。

## 土豆鳕鱼沙拉

• 直接装盒

冷藏1周

**材料**（4人份）

土豆··········1个（约200g）
芥末鳕鱼子··········1袋
蛋黄酱··············2大匙

**制作方法**

**1** 把土豆切成一口能食用的大小，放进耐热容器里，盖上保鲜膜，用微波炉加热4min。

**2** 将步骤**1**的材料趁热放进小盆里，弄碎。把鳕鱼子和蛋黄酱加进去搅拌。

**3** 凉凉之后，放到存放容器里，盖上盖子，进行冷藏。

酸味配菜可增强食欲。

## 梅子野姜凉拌鸡胸肉

• 直接装盒

冷藏1周

**材料**（4人份）

鸡胸肉················2块
野姜··················2个
梅干（紫苏腌制）········1个
酒··················2大匙

**制作方法**

**1** 将鸡胸肉去筋后，加入酒，用开水煮一下。余热散去后，把鸡肉分开。野姜切成稍粗的丝状。

**2** 梅干去核后，把果肉简单弄烂，放进小盆里，加入步骤**1**的材料，搅拌。

**3** 放到存放容器里，盖上盖子，进行冷藏。

咖喱的香味，可提升红椒的甜味。

## 咖喱腌泡红椒

关于装盒 ●控除汤汁后装盒

保存期限 冷藏1周

**材料**（6人份）

红椒……………………2个

A
- 橄榄油…………2大匙
- 柠檬汁…………1大匙
- 咖喱粉、盐…………各半小匙
- 胡椒粉…………少许

**制作方法**

1 将红椒竖着4等分，去除籽和蒂部。用烤架烤，烤焦后去掉薄皮，切成1cm宽的块状。

2 把步骤1的材料放进小盆里，加入材料A，搅拌。

3 放到存放容器里，盖上盖子，进行冷藏。

1人份
230kJ

放上一天后，整体都变成粉红色了。

## 红紫苏粉凉拌土豆

关于装盒 ●直接装盒

保存期限 冷藏1周

**材料**（6人份）

土豆…………1个（约200g）

A
- 色拉油…………1大匙
- 红紫苏粉………2小匙
- 盐…………………少许

**制作方法**

1 把土豆切成7~8mm宽的条状，用开水煮1min，捞到竹筐里，边控水边凉凉。

2 把步骤1的材料放进小盆里，加入材料A，搅拌。

3 放到存放容器里，盖上盖子，进行冷藏。

1人份
184kJ

做成稍甜的口感，即使解冻后也会很好吃的。

## 芝麻粉凉拌西蓝花

● 直接装盒

冷冻1~2周

**材料**（6人份）

西蓝花 ················ 1棵
盐 ···················· 少许

A
- 白芝麻粉 ········ 2大匙
- 酱油 ············· 1大匙
- 砂糖 ············· 2小匙

**制作方法**

**1** 将西蓝花一块一块地分开，加入盐，用开水煮一下。捞出来放进凉水里过一下，然后捞到竹筐里。

**2** 把材料**A**放进小盆里，加入控水后的步骤**1**的材料，搅拌。

**3** 等份放进小杯里，然后放到存放容器里，盖上盖子，进行冷冻。

1人份
105kJ

加入油炸豆腐提升其口感。

## 炖小松菜

● 控除汤汁后装盒

冷藏1周

**材料**（4人份）

小松菜 ·······1束（约200g）
油炸豆腐片 ·········· 半块

A
- 汤汁 ·············· 3/4杯
- 淡味酱油、料酒 ········ 各1½大匙
- 酒 ················ 1大匙

**制作方法**

**1** 把小松菜切成3cm长的段，茎和叶分开。油炸豆腐片横着切成两半，然后切成宽1cm的块状。

**2** 把材料**A**放进锅里，加入小松菜的茎、油炸豆腐片，煮一下。然后加入小松菜的叶，稍微煮沸后，关火。

**3** 凉凉之后，放到存放容器里，盖上盖子，进行冷藏。

1人份
172kJ

榨菜、生姜是调味的关键。

# 凉拌菠菜

● 直接装盒

冷冻1~2周

**材料**（6人份）

菠菜……1½束（约300g）

榨菜……30g

生姜……1块

盐……少许

A
- 酱油……1大匙
- 芝麻油……2小匙
- 砂糖……1小匙

**制作方法**

1 菠菜加盐后，用开水煮一下，放进冷水里过一下，然后控水，切成3cm长的段。

2 将榨菜、生姜切成细丝后放进小盆里，把步骤1的材料拧一下放进去，加入材料A，搅拌。

3 等份放进小杯里，然后放到存放容器里，盖上盖子，进行冷冻。

1人份
121kJ

提前做好后，青梗菜吃起来口感会很软。

# 油蒸青梗菜

● 控除汤汁后装盒

冷藏1周

**材料**（4人份）

青梗菜……3棵

大蒜……适量

红辣椒圈……适量

盐……2/3小匙

胡椒粉……少许

橄榄油（或芝麻油）……1大匙

**制作方法**

1 把青梗菜切成长3cm的段，大蒜切成薄片。

2 把步骤1的材料、红辣椒圈放进厚点的小锅里，撒上盐、胡椒粉，浇上橄榄油。盖上盖子，用中火蒸3min左右。

3 凉凉之后，放到存放容器里，盖上盖子，进行冷藏。

1人份
167kJ

让人百吃不厌、食欲大增的配菜之一。

## 青椒拌干松鱼

●直接装盒

保存期限 冷冻1~2周

**材料**（6人份）

青椒……………………5个
盐 ……………………少许
A 芝麻油、
酱油 ………… 各2小匙
干松鱼薄片 … 1包（5g）

**制作方法**

1 将青椒切成两半，去籽和蒂部，横着切成1cm宽的块状，加盐后用开水煮一下。然后捞到竹筐里，凉凉。
2 把步骤1的材料放进小盆里，加入材料A，搅拌。
3 等份放进小杯里，然后放到存放容器里，盖上盖子，进行冷冻。

1人份
92kJ

芦笋不需要煮，烤一下就会水灵灵的。

## 拌焯烤芦笋

●控除汤汁后装盒

冷藏1周

**材料**（4人份）

芦笋……………………8根
调味汁
（不添加其他东西）…… 半杯
红辣椒 ………………1个

**制作方法**

1 将芦笋去筋和叶鞘后，用烤架或者烤箱烤至整体上色。
2 趁热放进存放容器里，浇上调味汁，加入红辣椒。
3 凉凉之后，盖上盖子，进行冷藏。装盒时，切成易于食用的长度即可。

1人份
84kJ

即使解冻依然咔嚓咔嚓脆，色彩还很亮丽。

## 扁豆角海苔奶酪卷

• 直接装盒

冷冻1~2周

**材料**（6人份）

扁豆角 ……………… 18根
奶酪片 ……………… 6片
韩国海苔 …………… 12片
盐 …………………… 少许

**制作方法**

**1** 扁豆角加盐后，用开水煮一下，然后捞到竹筐里，摊开凉凉，择一下。

**2** 把2片海苔放到1片奶酪片上，放3根扁豆角，卷起来。共做6个。稍放置一会儿，入味后，每个切成3等份。

**3** 等份放进小杯里，然后放到存放容器里，盖上盖子，进行冷冻。

1人份
280kJ

不煮，保留其脆脆的口感。

## 豌豆角拌小干白鱼

• 控除汤汁后装盒

冷冻1~2周

**材料**（6人份）

豌豆角 ……………… 200g
小干白鱼 …………… 2大匙
芝麻油 ……………… 1小匙
酱油 ………………… 2小匙

**制作方法**

**1** 将豌豆角择一下之后，每个斜着切成两半。

**2** 在平底锅中放入芝麻油，加热后，把小干白鱼和步骤**1**的豌豆角炒一下，浇上酱油。

**3** 等份放进小杯里，然后放到存放容器里。凉凉之后，盖上盖子，进行冷冻。

★豌豆角也可换成荷兰豆。

1人份
109kJ

亮亮的颜色，香香的口感。

## 腌泡橘子

●直接装盒

冷冻1~2周

**材料**（6人份）

橘子……………………2个
迷迭香（新鲜）…………1根
A［白葡萄酒………2小匙
　 砂糖……………2大匙

**制作方法**

**1** 将橘子去皮后，一瓣一瓣分开，去除橘络，放进小盆里。
**2** 把迷迭香分开，和材料 **A** 一起加入步骤 **1** 的材料里，搅拌。
**3** 等份放进小杯里，然后放到存放容器里，盖上盖子，进行冷冻。

甜甜的、软软的口感，让人欲罢不能。

## 肉桂香蕉

●直接装盒

冷冻1~2周

**材料**（6人份）

香蕉……………………2根
柠檬汁………………1大匙
砂糖…………………3大匙
水……………………1大匙
肉桂粉………………少许

**制作方法**

**1** 将香蕉去皮后切成厚1cm的圆形，洒上柠檬汁。
**2** 把砂糖、1大匙水放进小锅里，用中火煮。煮3min左右稍微上色后，加入步骤 **1** 的材料和肉桂粉，搅拌。
**3** 等份放进小杯里，然后放到存放容器里。凉凉之后，盖上盖子，进行冷冻。

随着存放时间的递增，杏干会膨胀得软软的。

# 红茶腌杏干

●控除汤汁后装盒

冷藏1周

**材料**（易于制作的分量）

杏干……………………100g
红茶包……………………1个
开水……………………1杯
肉桂棒……………………1根

★肉桂棒可以用少量肉桂粉代替。

**制作方法**

**1** 把杏干和肉桂棒放进存放容器里。

**2** 把红茶包放进1杯开水里，泡得差不多时，将红茶趁热倒进步骤**1**的材料里。

**3** 凉凉之后，盖上盖子，进行冷藏。

全部
1222kJ

常备的便当点心之一。

# 糖裹炸红薯条

●直接装盒

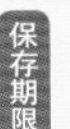

冷冻1~2周

**材料**（6人份）

红薯…………1个（约200g）
色拉油……………………适量
A 砂糖……………3大匙
A 料酒……………2大匙
A 盐…………………少许

**制作方法**

**1** 红薯不去皮，切成6~7cm长、1.5cm宽的条状。用170℃的色拉油炸，之后控油。

**2** 把材料**A**放进小锅里，稍微煮沸，加入步骤**1**的材料，搅拌。

**3** 等份放进小杯里，然后放到存放容器里。凉凉之后，盖上盖子，进行冷冻。

1人份
339kJ

薄荷叶的清凉口感是调味的关键。

## 糖腌圣女果

关于装盒 ●控除汤汁后装盒

保存期限 冷藏1周

**材料**（5人份）

圣女果 ……………20个
砂糖………………6大匙
水 …………………1杯
薄荷叶（新鲜）………10片

**制作方法**

1 将圣女果去蒂后放进竹筐里，浇上热水，然后过一下凉水，去皮。控水后放进存放容器里。

2 把砂糖和1杯水放进小锅里，煮沸。浇到步骤1的材料上，凉凉。

3 加入薄荷叶，盖上盖子，进行冷藏。

酸甜口味，搭配奶酪，口感极佳。

## 猕猴桃蜂蜜拌奶酪

关于装盒 ●直接装盒

保存期限 冷冻1~2周

**材料**（6人份）

猕猴桃 ……………2个
松软干酪…………3大匙
蜂蜜………………1大匙

**制作方法**

1 将猕猴桃去皮后，切成1.5cm厚的块放进小盆里，加入松软干酪、蜂蜜，搅拌。

2 等份放进小杯里，然后放到存放容器里，盖上盖子，进行冷冻。

肉桂粉、黄油调味后，有种点心的感觉。

## 南瓜茶巾绞

关于装盒 •直接装盒

保存期限 冷冻1~2周

**材料**（8人份）

南瓜··········1/5个（200g）

A
- 砂糖·············3大匙
- 黄油···············20g
- 肉桂粉············少许

**制作方法**

1 南瓜不去皮，切成一口能食用的大小，放进耐热盘子里，盖上保鲜膜。用微波炉加热3min。趁热放进小盆里，弄碎，加入材料A，搅拌。

2 进行8等分之后摊到保鲜膜上，拧一下包起来。放置直至变凉。

3 去掉保鲜膜，等份放进小杯里，然后放到存放容器里，盖上盖子，进行冷冻。

1人份
222kJ

甜咸味口感好，可增进食欲。

## 酱油烧煎豆

关于装盒 •直接装盒

保存期限 冷藏10天

**材料**（易于制作的分量）

煎豆（普通出售的）······50g

A
- 砂糖·············3大匙
- 料酒·············2大匙
- 酱油·············1大匙

**制作方法**

1 把材料A混合后放进小锅里，稍微煮沸。加入煎豆，搅拌，然后摊到方平托盘上。

2 待余热散去，放到存放容器里。凉凉之后，盖上盖子，进行冷藏。

全部
1791kJ

● 能让米饭好吃的各种

# 腌菜

腌菜不仅可以让人摄取到各种蔬菜的营养，而且提前做好，早晨做便当用也是很方便的。一些做法简单的腌菜，早晨起来也可现做。

## 各种简单的腌菜及富于变化的腌菜

这里有短时间能迅速制作的腌菜，以及各种用剩余的蔬菜做成的腌菜。接下来介绍一下使用市场上出售的材料快速制作腌菜的方法。所有的材料均为易于制作的分量。

### 米醋山椒腌黄瓜

**材料和制作方法**

黄瓜2根

**A**（米醋、酱油各1½大匙　砂糖1小匙　山椒粉少许）

1 用刀背把黄瓜轻轻地拍一下，然后大概切一下。

2 搅拌材料**A**，然后把黄瓜放进去腌制30min以上。

### 柠檬腌芹菜

**材料和制作方法**

芹菜半根　柠檬2片　水1大匙

**A**（盐2/3小匙　砂糖1/4小匙）

1 将芹菜去筋，与3~4片芹菜叶一起切成1cm长的段。柠檬切成块。

2 把步骤**1**的材料、材料**A**和1大匙水放进塑料袋里，揉一下，放置30min左右，使芹菜变软。

### 海带丝腌芜菁

**材料和制作方法**

芜菁（大）1个　海带丝少许

红辣椒圈少许　水半大匙

**A**（醋、砂糖各1大匙　盐1/3小匙）

1 将芜菁切成薄片。

2 把芜菁、海带丝、红辣椒圈、材料**A**、半大匙水一起搅拌，腌制15min左右。轻轻揉揉，拧一下水分。

### 海带茶腌白菜

**材料和制作方法**

白菜叶（大）1片

**A**（海带茶、醋各1½大匙　芝麻粉少许）

1 将白菜叶大致切一下，用材料**A**凉拌，放置30min左右。

2 白菜变软后，轻揉一下出水，拧一下。

### 芥末腌茄子

**材料和制作方法**

茄子1个　盐适量　芥末少许

1 将茄子切成薄圆片，放在盐水（以1杯水放1½小匙盐的比例调和）里腌制15min左右。

2 揉一下出水后，拧拧。然后添加上芥末。尽早食用，避免变味。

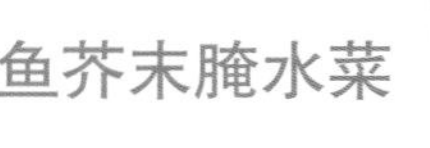

### 干松鱼芥末腌水菜

**材料和制作方法**

水菜50g　盐半小匙　水半杯

**A**（芥末1/3小匙　干松鱼薄片2g）

1 将水菜切成5~6cm长的段，放到盘子里。

2 在锅中加入半杯水、盐煮沸，浇到步骤**1**的材料上，然后加入材料**A**搅拌。盖上保鲜膜，放凉。

## 辣油榨菜腌豆芽

**材料和制作方法**

豆芽100g　榨菜10g

**A**（酱油1小匙　辣油少许）

**1** 将豆芽去根部，榨菜切碎。

**2** 把步骤**1**的材料放进耐热容器里，和材料**A**一起搅拌。盖上保鲜膜，用微波炉加热1min，然后凉凉即可。

## 生姜腌青梗菜

**材料和制作方法**

青梗菜1棵　胡萝卜3cm长　生姜1块　调味汁3大匙

**1** 将青梗菜叶切碎，茎切成丝。胡萝卜、生姜切成细丝。

**2** 把步骤**1**的材料放进耐热容器里，浇上调味汁。盖上保鲜膜，注意保鲜膜紧挨着材料，用微波炉加热1min，然后凉凉即可。

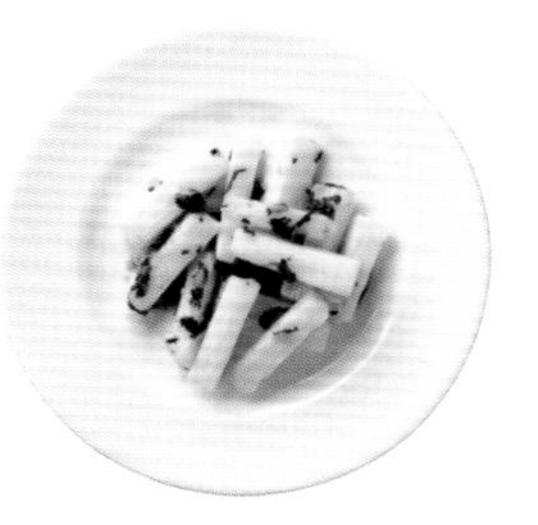

## 紫苏糖醋腌山药

**材料和制作方法**

山药200g　梅干1个　紫苏叶5g

**A**（醋1大匙　砂糖半小匙）

**1** 将山药切成4～5cm长的棒状，梅干去核、切碎，紫苏叶切碎。

**2** 将步骤**1**的材料和材料**A**一起搅拌，放置30min以上。

## 柚子胡椒腌零碎蔬菜

**材料和制作方法**

白菜100g　胡萝卜1/6根　小松菜1棵

**A**（柚子胡椒半小匙　海带丝适量）

**1** 将白菜切成1.5cm宽的条，胡萝卜切成半月形，小松菜切成1cm宽的块。

**2** 把步骤**1**的材料和材料**A**一起放进塑料袋里揉一下，变软后，尝一下咸淡口味。

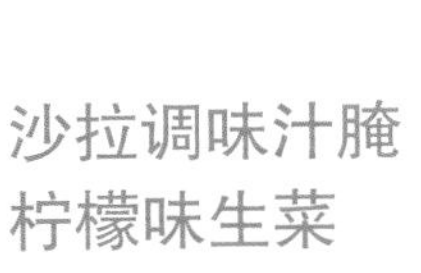

## 沙拉调味汁腌柠檬味生菜

**材料和制作方法**

生菜叶（大）2片　贝割菜适量　小萝卜2个　柠檬薄片1片　法国沙拉调味汁3大匙

**1** 将生菜叶大致撕开，贝割菜去根，小萝卜6等分。

**2** 把步骤**1**的材料放进塑料袋里，加入切碎的柠檬果肉和调味汁，除去空气，系紧袋口。放置15min，然后揉揉。

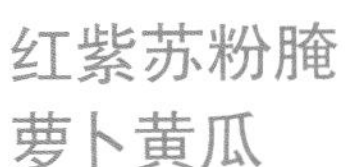

## 红紫苏粉腌萝卜黄瓜

**材料和制作方法**

萝卜100g　胡萝卜1/6根　黄瓜半根　红紫苏粉1小匙　盐适量

**1** 将萝卜、胡萝卜切成扇形片，黄瓜切成薄片，和红紫苏粉、盐一起放到塑料袋里搅拌。

**2** 有水分产生后，尝一下味道，盐味不够的话，可继续添加盐。

# 便当亮点：各种腌制蔬菜

一般放肉类等蛋白质丰富的配菜的便当，建议添加一道腌制蔬菜。

## 糖醋芜菁腌菜

**材料（1人份）和制作方法**

芜菁1个　胡萝卜少许

A（醋1½大匙　砂糖1大匙　盐1/4小匙）

1 芜菁的茎稍微留一点，去皮后，切成4～5mm厚的半圆形。胡萝卜切成薄薄的长条。

2 把材料A放进耐热容器里，加入步骤1的材料搅拌，盖上保鲜膜，用微波炉加热1min。凉凉之后，放入冰箱冷藏。

## 泡菜汁腌白菜

**材料（1人份）和制作方法**

白菜1片　青紫苏2片

泡菜汁1大匙　盐适量

1 把白菜大致撕开，青紫苏切成2cm长的段。

2 把步骤1的材料、盐和泡菜汁一起放到塑料袋里搅拌。放置15～20min，揉一下，尝一下口味，盐味不够的话，可继续添加盐。

## 越南式糖醋腌萝卜胡萝卜

**材料（1人份）和制作方法**

萝卜3cm长（60g）　胡萝卜3cm长（10g）　水1杯

盐1小匙

A（柠檬汁或醋1大匙　鱼酱油半大匙　砂糖1/3小匙）

花生少许

1 将萝卜和胡萝卜切成细丝状。加入1杯水、盐腌制。揉一下，出水后，拧干水分。

2 把材料A放进塑料袋里搅拌后，腌制步骤1的材料。

★可以连同塑料袋一起放进冰箱里。做好后上面放上切碎的花生即可。

## 榨菜酱油腌黄瓜

**材料（1人份）和制作方法**

黄瓜半根　榨菜5g　盐少许

A（酱油半小匙　砂糖少许）

1 将黄瓜抹点盐，然后洗干净，轻轻拍一下，切成3～4cm长的段。

2 将榨菜切成细丝放进塑料袋里，加入材料A搅拌。然后放入步骤1的材料，凉拌。最后放进冰箱里冷藏。

## 酱醋萝卜

**材料（1人份）和制作方法**

萝卜4cm长（80g）　盐少许

A（醋、酱油各1½大匙）　生姜丝少许

1 将萝卜去皮，在切口的两面划上刀痕，然后切成2cm长的块状，裹上盐。出水后轻揉一下，快速洗干净，晾干。

2 把材料A和生姜丝放进塑料袋里，腌制步骤1的材料。最后放进冰箱里冷藏。

## 酱油梅肉腌花菜

**材料（1人份）和制作方法**

花菜2～3块（80g）　梅干半个

盐少许

A（酱油1小匙　木鱼干少许）

1 把花菜切成易于食用的大小，然后2～4等分。放入加有盐的开水里煮一下，捞到竹筐里。

2 把梅干弄碎放进塑料袋里，材料A搅拌后加入，然后加入步骤1的材料凉拌。最后放进冰箱里冷藏。

把材料 **A** 混合后放进耐热容器里，然后加入月桂叶。

注意蔬菜切成基本一致的大小，易于食用，并且容易装盒。最后用泡菜汁腌制。

如图所示盖上保鲜膜，尽量使保鲜膜紧挨着泡菜汁的表面，用微波炉加热1min。

\ 用微波炉加热，可迅速完成！/

# 基础泡菜

**材料（易于制作的分量）和制作方法**

黄瓜1根　红椒、黄椒各半个　萝卜100g

**A**（醋1/4杯　砂糖半大匙　盐1小匙　月桂叶1片）

水半杯

**1** 把材料 **A**（月桂叶除外）和半杯水放进耐热容器里，轻轻混合。然后放入月桂叶。

**2** 把黄瓜切成厚1cm的圆形，红椒、黄椒切成2cm宽的块状，萝卜切成5mm厚的扇形，腌泡到步骤 **1** 的材料里。

**3** 将步骤 **2** 的材料盖上保鲜膜，尽量使保鲜膜紧挨着泡菜汁的表面，用微波炉加热1min。拿出来搅拌，再次盖上保鲜膜加热1min，然后凉凉即可。

## 辛辣咖喱味泡菜

**材料（易于制作的分量）和制作方法**

芹菜半根　胡萝卜4cm长　西葫芦1个

**A**（醋1/4杯　砂糖、咖喱粉各半大匙　盐1小匙　月桂叶1片）　水半杯

**1** 将芹菜去筋后，和胡萝卜一起切成差不多相同长度的棒状。西葫芦切成1.5cm厚的扇形。

**2** 把步骤 **1** 的材料、材料 **A** 和半杯水放进耐热容器里，裹上保鲜膜，尽量使保鲜膜紧挨着泡菜汁的表面，用微波炉加热1min。拿出来搅拌，再次盖上保鲜膜加热1min。

## 日式酱油味泡菜

**材料（易于制作的分量）和制作方法**

秋葵5根　芜菁1个　洋葱1/4个

**A**（醋1/4杯　酱油1大匙　砂糖半大匙　盐半小匙）　水半杯

**1** 秋葵剥去外层萼，芜菁切成块状，洋葱切成两半。

**2** 把步骤 **1** 的材料、材料 **A** 和半杯水放进耐热容器里，盖上保鲜膜，尽量使保鲜膜紧挨着泡菜汁的表面，用微波炉加热1min。拿出来搅拌，再次裹上保鲜膜加热1min。

## 辛辣中式口味泡菜

**材料（易于制作的分量）和制作方法**

大葱半根　丛生口蘑100g　煮竹笋（小）1根

**A**（醋1/4杯　砂糖1大匙　盐1½小匙　月桂叶1片　红辣椒圈少许）　水半杯

**1** 将大葱切成长2cm的段，丛生口蘑掰开，竹笋切成易于食用的形状。

**2** 把步骤 **1** 的材料、材料 **A** 和半杯水放进耐热容器里，如果有八角也可以放一个，盖上保鲜膜，尽量使保鲜膜紧挨着泡菜汁的表面，用微波炉加热1min。拿出来搅拌，再次盖上保鲜膜加热1min。

可以事先做好的各种日式

# 金平小炒

多样的蔬菜，咸甜口味的健康便当配菜，日式金平小炒颇有人气。除了牛蒡丝、胡萝卜丝之外，家里有的蔬菜前一天晚上都可以提前做好。

做菜多出来的蔬菜不要扔掉，简单炒一下，就可做成便当的一道配菜，丰富便当的口感。

## 炒萝卜皮

**材料**（易于制作的分量）

萝卜皮（削厚点）……半根的分量
萝卜叶……适量
A 酒、酱油……各1大匙
色拉油……1大匙

**制作方法**

1 将萝卜皮切成4～5cm长的条状，萝卜叶切碎。
2 在平底锅中放入色拉油，加热后，用稍强的中火炒萝卜皮。
3 加入材料A炒一下，炒至没水后，放入萝卜叶，简单炒一下即可。

用夏季的两种蔬菜做出咸甜味，丰富的蔬菜口感。

## 炒茄子青椒

**材料**（易于制作的分量）

茄子……2个
青椒……4个
樱花虾……10g
A 酱油……1½大匙
A 料酒……1大匙
色拉油……1大匙

**制作方法**

1 茄子去蒂部，竖着切成两半，然后斜着切成薄片。青椒去蒂去籽，切成丝。
2 在平底锅中放入色拉油加热后，用稍强的中火炒步骤1的材料。
3 整体再放点油，加入樱花虾和材料A，炒至没有水分即可。

咔嚓咔嚓的脆脆的口感，甚是让人享受。可存放些时日，所以可提前多做点。

## 炒莲藕

**材料**（易于制作的分量）

莲藕……1节（约300g）
A 料酒……2大匙
A 酱油……1½大匙
芝麻油……1大匙
白芝麻粉……1大匙

**制作方法**

1 将莲藕竖着切成两半，然后切成薄片，焯一下。
2 在平底锅中放入芝麻油，加热后，用稍强的中火炒步骤1的材料。
3 整体再放点油，加入材料A，炒至没有水分即可。关火后，撒上白芝麻粉。

把两种根菜切碎，做成日式金平小炒的必备菜。可放入煎鸡蛋，和米饭混合也是很美味的。

## 炒牛蒡胡萝卜

**材料**（易于制作的分量）

牛蒡…………………1根
胡萝卜……………半根
A 料酒、酱油…各2大匙
芝麻油……………1大匙
白芝麻粉…………2小匙

**制作方法**

1 将牛蒡削皮后切成4～5cm长的细丝，胡萝卜也切成4～5cm长的细丝。
2 在平底锅中放入芝麻油，加热后，用稍强的中火炒步骤**1**的材料。
3 加入材料**A**，炒至没有水分，关火。最后撒上白芝麻粉，搅拌。

家庭常备的土豆，炒出咔嚓咔嚓的脆脆的口感，量足味美。

## 炒土豆丝

**材料**（易于制作的分量）

土豆（大）……………2个
A ┌酒……………1大匙
　└淡味酱油……2小匙
色拉油……………1大匙
黑芝麻粉…………2小匙

**制作方法**

1 将土豆去皮后切成4～5cm长的细丝，焯一下。
2 在平底锅中放入色拉油，加热后，用稍强的中火炒步骤**1**的材料。
3 加入材料**A**，炒至没有水分，关火。最后撒上黑芝麻粉，搅拌。

用剩余的食材做出便利的配菜，味噌独特的口感令人回味。

## 炒胡萝卜蒟蒻

**材料**（易于制作的分量）

胡萝卜……………1根
蒟蒻………………半块
料酒………………1大匙
味噌…………1～2大匙
芝麻油……………适量
七味辣椒粉………少许

**制作方法**

1 将胡萝卜、蒟蒻切成4～5cm长的片状。
2 在平底锅中放入芝麻油加热后，用稍强的中火炒步骤**1**的材料。整体再放点油，加入料酒。胡萝卜炒至变软后，加入味噌。
3 用味噌炒出香味即可完工。根据个人喜好可撒些七味辣椒粉。

● 别有一番风味，不一样的鱼粉拌紫菜

# 手工制作的鱼粉拌紫菜大全

便当的常备食材之一就是鱼粉拌紫菜。一般市场上出售的非常方便，但是自己去选食材，做出非常好吃的鱼粉拌紫菜，也非常卫生安全。做好后，放到密封容器里，同时放上干燥剂，放进冰箱里保存。所有的食材均为易于制作的分量。

## 三色鱼粉拌紫菜

米饭上撒些鱼粉拌紫菜不仅可以调味，还可以装饰五颜六色的便当。主菜、副菜多是茶褐色的时候，撒些鱼粉拌紫菜，可瞬间提升便当的色彩感。

香味蔬菜系列的健康鱼粉拌紫菜。

### 绿色鱼粉拌紫菜

**材料和制作方法**

1 25g荷兰芹、25g芹菜叶用100～120℃的烤箱烘烤10～15min，使其干燥。10条小杂鱼干去除头部和内脏，用平底锅煎炒一下。

2 把步骤**1**的材料放进食物搅拌机里，加入2大匙青色海苔、半小匙盐，搅拌数秒，打碎即可。

point

荷兰芹和芹菜叶一定要干燥。荷兰芹可以使用到其茎部。

活用樱花虾和鳕鱼子做成的鱼粉拌紫菜，可以补钙哟。

### 红色鱼粉拌紫菜

**材料和制作方法**

1 把2大匙樱花虾和2大匙白芝麻粉放进平底锅里煎炒。用烤箱烘烤1盒鳕鱼子。

2 用食物搅拌机搅拌鳕鱼子，然后加入10g干松鱼薄片、樱花虾和白芝麻粉、半小匙盐，进一步打碎。最后放入白芝麻搅拌。

point

樱花虾和白芝麻粉分别煎炒的话，做成的香味截然不同。

使用羊栖菜等黑色食材做出截然不同的一款鱼粉拌紫菜。

### 黑色鱼粉拌紫菜

**材料和制作方法**

1 把5g羊栖菜（干燥）用水泡开，然后拧水。切碎后用平底锅煎炒。把4大匙黑芝麻粉也煎炒一下。

2 把稍微烤一下弄碎的2片海苔、1小匙海带茶加入步骤**1**的材料里，然后全部倒进食物搅拌机里，打碎。

point

海苔稍微烤一下，就飘起了香味。而且海苔又薄又硬，一定要烤一下，便于撕碎。

## 各种配菜的鱼粉拌紫菜

鱼粉拌紫菜在便当中起着不可估量的作用。手工制作出的鱼粉拌紫菜，拥有不一般的风味与口感。

### 海苔鳕鱼子鱼粉拌紫菜

**材料和制作方法**

1 把稍带咸味的1盒鳕鱼子去掉薄皮，放入小锅里，加入半大匙酒，用小火煎炒，并不断地用五六根筷子搅拌。

2 用小火烤2片海苔，烤焦。用纸包住，揉碎。

3 把步骤1、2的材料和1包条状干鲣鱼削片、3大匙白芝麻粉、少许盐混合到一起。

### 海胆肉松鱼粉拌紫菜

**材料和制作方法**

1 把3大匙炼制的海胆和1个鸡蛋黄放进耐热容器里，搅拌，然后用微波炉加热2min。

2 用五六根筷子搅拌一下，再加热1min。然后搅拌一下，再加热1min。最后将成品搅拌一下，宛如珍珠状。

### 紫苏小干白鱼鱼粉拌紫菜

**材料和制作方法**

1 把30g小干白鱼放进耐热容器里，加入酒、料酒各1小匙，用微波炉加热1min。然后搅拌一下，再加热1min。

2 把6片紫苏切成细丝，摊平放到耐热盘子里，用微波炉加热2min。然后搅拌一下后加热1min，再搅拌一下后加热1min。最后和步骤1的材料混合到一起。

### 大根菜和干松鱼薄片鱼粉拌紫菜

**材料和制作方法**

1 把20g大根菜的菜叶切成细丝，放进耐热容器里，用微波炉加热3min。然后轻轻搅拌一下，再加热2min。

2 把5g干松鱼薄片放进耐热容器里，放入2小匙酱油，加热1min。然后整体搅拌一下，再加热1min。

3 把步骤1、2的材料混合，然后加入1大匙白芝麻粉和1/3小匙盐，搅拌，再加热1½min。

### 油炸小干白鱼鱼粉拌紫菜

**材料和制作方法**

把50g小干白鱼用170℃的油炸，炸成脆脆的。

★建议使用干燥的、稍带咸味的小干白鱼。

### 咸鲑鱼鱼粉拌紫菜

**材料和制作方法**

1 把3块咸鲑鱼放进小锅里，加入可以盖住鱼的分量的开水，煮一下。拿出来去除鱼皮和鱼骨，然后弄碎。

2 清洗小锅，把步骤1的材料再放进去，加入3大匙酒、1大匙料酒，用中火煮。煮至变成珍珠状即可。

● 料理时间15min以内的

# 一品便当

即使没有提前做好各种配菜，15min以内也可以做出一品便当配菜。比如盖浇饭风格、咖喱风格等的配菜，惊喜连连，花样多多，尽情享受午餐便当生活吧。

量足味美，蔬菜丰富。

## 蔬菜油渣盖浇饭便当

**材料**（1人份）

油渣……………………2大匙
洋葱……………………1/4个
南瓜薄片…………………2片
丛生口蘑………………1/4包
鸭儿芹……………………3根
鸡蛋………………………1个
调味汁（不添加其他东西）…1/3杯
太白粉……………………1小匙
水…………………………2小匙
米饭………………………1碗

**制作方法**

1 将洋葱切成薄片，南瓜薄片切成两半，丛生口蘑去根后掰开。

2 将鸭儿芹大概切一下。

3 把调味汁放入小锅里，煮沸。加入步骤1的材料，再煮沸，加入油渣。

4 把鸡蛋打入碗里，加入用2小匙水溶开的太白粉，搅拌。然后加入步骤3的材料里，撒上鸭儿芹，盖上盖子，焖煮一会儿，使鸡蛋熟透。

5 把米饭装到便当盒里，把步骤4的材料倒上去即可。

1人份 1900kJ　料理时间 10min

Hint

忙碌的早晨，恐怕连量各种调味汁的时间都想省去。调味汁是制作酱油味配菜的必备品。除此之外，柑橘汁、烤肉汤汁、番茄酱等，也是调味料中必备的，建议常备这些调味料。

一般市场上出售的烤鳗鱼都是与三种菌类搭配组合到一起做成的。

# 蘑菇烤鳗鱼便当

**材料**（1人份）

烤鳗鱼（带调味汁、山椒粉）····半条
丛生口蘑··················1/4包
舞茸······················1/4包
朴蕈······················1/4包
色拉油··················1小匙
盐························少许
山椒粉····················适量
酒······················1大匙
小葱························1根
米饭························1碗

★蘑菇等菌类都可以。

**制作方法**

1 把鳗鱼切成一口能食用的大小，丛生口蘑和舞茸去根后掰开，朴蕈切成两半，小葱切成如图所示的小段。

2 在平底锅中放入色拉油加热，把步骤1的蔬菜（小葱除外）炒一下，撒上盐、山椒粉。

3 把鳗鱼放到步骤2的材料上，洒上酒，盖上盖子，用小火焖蒸2min左右。

4 把米饭装到便当盒里，把步骤3的材料倒上去，撒上小葱。

★烤鳗鱼的汤汁可以另外带着，食用时浇上即可。

Hint

蘑菇类是非常方便的食材，容易入味，可产生香味，口感丰富，种类繁多。这里使用了丛生口蘑、舞茸、朴蕈，其他组合也可以。组合不同，口味可能就有点不同，建议多尝试几种。

使用手边有的材料，即可做出美味的便当。

# 咖喱炒饭便当

**材料**（1人份）

- 混合肉末……80g
- 洋葱……1/8个
- 生姜……1/4块
- 圣女果……3个
- 混合豆类（罐装）……半罐（60g）
- 色拉油……2小匙
- 固体汤料……适量
- A
  - 咖喱粉……1小匙～半大匙
  - 番茄酱……1大匙
  - 盐、胡椒粉……各少许
- 米饭……200g

**制作方法**

1 将洋葱、生姜切成细丝。圣女果去蒂。

2 在平底锅中放入色拉油加热，放入洋葱、生姜、混合肉末炒一下。肉末炒得发干后，加入混合豆类、圣女果，再混合炒一下。加入弄碎的固体汤料和材料**A**，整体混合炒，使其融合到一起。

3 把米饭装到便当盒里，把步骤**2**的材料放上去。

*Hint*

常用材料冰箱中需要常备，这样就能做出各种各样的便当了。这里的咖喱炒饭便当所用的食材中，肉末、洋葱、生姜均可冷冻保存。只要有圣女果、混合豆类、调味料，转眼间即可做成。

这款便当受欢迎的原因在于色彩、口感搭配均衡，易于食用。

# 三色肉松便当

**材料（1人份）**

**鸡肉松**

鸡肉末……………………80g

A
- 酱油………………半大匙
- 砂糖………………1小匙
- 生姜末……………半小匙

**炒鸡蛋**

- 搅匀的蛋液…1个鸡蛋的分量
- 盐……………………适量

**煮菠菜**

- 菠菜……………2棵（40g）
- 酱油………………1小匙

米饭……………………150g

红生姜…………………适量

**制作方法**

**1** 把鸡肉末、材料A放入小锅里，用筷子搅拌。用火炒一下，注意不要成疙瘩了，所以炒时也要不停地搅拌。

**2** 一边用筷子快速搅拌，一边用中火炒。炒成肉松状，至汤汁几乎没有，关火。

**3** **炒鸡蛋**
把搅匀的蛋液、盐放入小锅里，一边用筷子快速搅拌，一边用中火炒。炒时要注意，等鸡蛋凝固了，时不时地拿起小锅，离开一下火，直至炒成肉松状。

**4** **煮菠菜**
把菠菜放进开水里煮，加入少许盐（分量外）。然后拿出来，过一下凉水，注意控水。

**5** 把步骤**4**的材料切成1cm长，洒上酱油，轻轻地控除汤汁。

**6** 把米饭装进便当盒里，如图所示把步骤**2**、**3**、**5**的材料放上去，最后添上红生姜。

*Hint*

三色肉松便当的配菜可提前做好放进冰箱冷冻。按照每次的用量分别放进冷冻容器里保存，在半解冻状态下放到米饭上即可。除此之外，炒鸡蛋也可用于制作炒饭、散寿司饭等，鸡肉松可用于制作日式煎蛋或者炖菜，即使作为单品使用也是很不错的。

炒面最大的魅力就是凉了也是很好吃的。可根据个人喜好添加适量调味汁或者酱油。

# 路边摊风格的炒面便当

1人份 2234kJ　料理时间 15min

**材料**（1人份）

猪肉片 ……………………50g
白菜……………………适量
大葱……………………适量
胡萝卜 …………………适量
豆芽……………………50g
中式蒸面 ………………1团
色拉油 ………………半大匙
水 ……………………1大匙
A
- 英国辣酱油 ………… 1大匙
- 酱油 ………………… 1小匙
- 盐、胡椒粉 ………… 各少许

**制作方法**

1 将白菜切成一口能食用的大小，大葱斜着切一下，胡萝卜切成扇形片，豆芽去除须根。

2 将蒸面4等分。

3 在平底锅中放入色拉油加热，炒一下猪肉。猪肉变色后加入大葱、胡萝卜，炒1min左右，加入白菜、豆芽、蒸面混合炒。加入1大匙水和材料**A**搅拌，炒至整体变软即可。

Hint

炒面即使凉了，浇上专用的好吃的炒面调味汁，口感也会非常好。这里使用了英国辣酱油和酱油调味，口味比较清淡。浇上专用调味汁后，可以做成口味浓点的炒面。注意装盒时，稍微把面切一下，便于食用。

色彩亮丽、蔬菜丰富，健康满满的午餐便当。

# 蔬菜满满的墨西哥饭便当

**材料**（1人份）

猪肉末 …………………… 80g
大蒜末 ………………… 半小匙
色拉油 ………………… 1小匙
A ┌酱油、酒 ………… 各2小匙
　 └砂糖 ………………… 1小匙
番茄………………………… 半个
B ┌洋葱丝 ……………… 1大匙
　 │一味辣椒 …………… 少许
　 └法式沙拉调味汁 …… 2小匙
米饭…………………………1碗
奶酪（个人喜好的）……… 1大匙
生菜……………………… 1片

**制作方法**

1 在平底锅中放入色拉油加热，炒肉末和大蒜。加入材料**A**，炒至汤汁几乎没有。

2 把番茄切成1cm宽的块状，和材料**B**一起搅拌，制作新鲜的调味汁。

3 把米饭装进便当盒里，上面放上切成细条状的生菜，然后按照步骤**1**、**2**的顺序放上材料，最后撒上喜爱的奶酪即可。

*Hint*

用奶酪调味后，醇厚的口感丰富很多。把奶酪片切碎使用，也可选择加工后的奶酪粉。使用意大利干酪的便当口味又非同寻常。冷冻配菜上放奶酪之后，烘烤一下再食用，或者把奶酪放到沙拉上，做出来的食物都是很好吃的。

只需浇上开水

# 手工速溶汤、汤菜类

无论是在公司还是在学校，中午吃便当时，打开便当盒，再搭配一碗热汤，心里都是温暖的。用保鲜膜包上汤食材，或者用小容器装着，食用时放进杯子里，浇上开水即可。接下来就介绍几种简单的汤和汤菜的做法。

## 姜末裙带菜汤

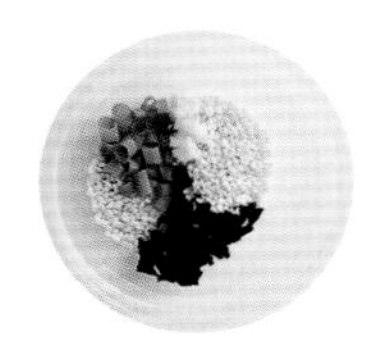

**材料（1人份）**

裙带菜（干燥）……1小匙
鸡肉炖汤宝 ……1小匙
白芝麻粉……半小匙
生姜末 ……1/4小匙
小葱……适量
开水……150mL

**制作方法**

把所有材料（开水除外）放进小杯子里，浇上150mL开水，搅拌。

## 南瓜汤

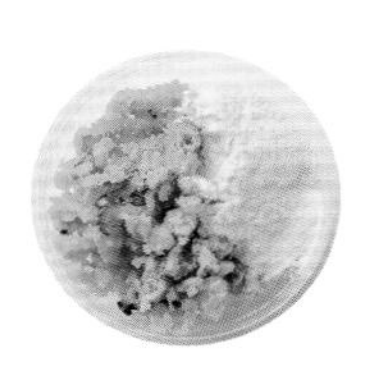

**材料（1人份）**

南瓜……50g
白色炖汤宝 ……1块（25g）
开水……150mL

★颗粒状炖汤宝便于使用。

**制作方法**

1 用保鲜膜把南瓜包起来，用微波炉加热2min左右，然后弄碎。把炖汤宝磨碎或者切碎。

2 把步骤**1**的材料放进杯子里，浇上150mL开水，搅拌。

## 梅干贝类汤

**材料（1人份）**

梅干……1个
扇贝（罐装）……3个
贝割菜 ……10根左右
日式汤宝……半小匙
开水……150mL

**制作方法**

1 将梅干去核，弄碎。把贝割菜的根部去掉，切成长2cm的段。

2 把所有材料（开水除外）放进杯子里，浇上150mL开水，搅拌，弄开扇贝。

## 金枪鱼黄瓜味噌汤

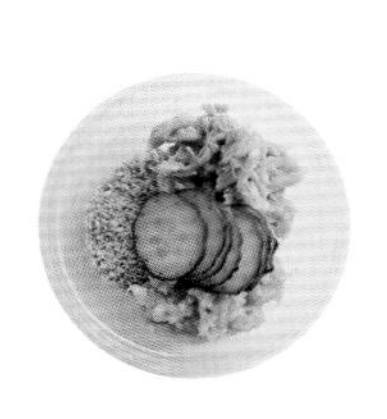

**材料（1人份）**

金枪鱼（罐装）……1大匙
黄瓜……1/5根
白芝麻粉……1小匙
味噌……2小匙
开水……150mL

**制作方法**

1 把黄瓜切成圆薄片。

2 把所有材料（开水除外）放进杯子里，浇上150mL开水，搅拌。

## 芥末玉米羹

**材料**（1人份）

A
- 奶油玉米（罐装）…………3大匙
- 芥末粒…………1小匙
- 颗粒汤宝……1小匙
- 芹菜细丝……少许

- 咖啡用牛奶……适量
- 开水……………150mL

**制作方法**

把材料A放进杯子里，浇上150mL开水，搅拌。然后放上咖啡用牛奶。

## 速溶浓菜汤

**材料**（1人份）

- 混合蔬菜（冷冻）……2大匙
- 金枪鱼（罐装）……1大匙
- 颗粒汤宝…………1小匙
- 番茄泥（或番茄酱）…………1大匙
- 奶酪粉…………1小匙
- 开水……………150mL

**制作方法**

把所有材料（开水除外）放进杯子里，浇上150mL开水，搅拌。

## 海带梅干松鱼汤

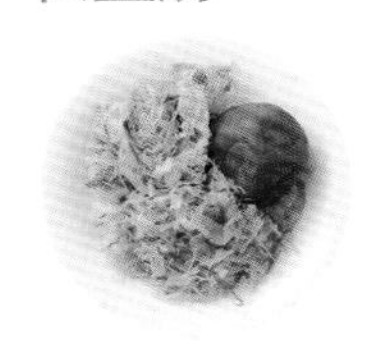

**材料**（1人份）

- 薄海带……………3g
- 梅干……………1个
- 干松鱼薄片……1小包（3g）
- 开水……………150mL
- 酱油……………少许

**制作方法**

将海带处理好，和梅干、干松鱼薄片一起放进杯子里，浇上150mL开水，搅拌。根据梅干中盐分的量，可稍微加点酱油。

## 汤菜

**材料**（1人份）

- 速溶汤材料……1大匙
- 日式汤宝…………1小匙
- 酱油……………适量
- 开水……………150mL

★速溶汤材料使用市面上销售的味噌汁材料。

**制作方法**

把速溶汤材料、日式汤宝都放进杯子里，浇上150mL开水，再加点酱油，搅拌。

★不放酱油的话，也可用味噌。可以用保鲜膜包一点，食用时加入即可。

早晨10min即可完成的

# 一品配菜

已经有了事先做好的主菜，想再增添一种配菜的话，可使用身边剩余的蔬菜，做一个副菜。接下来，介绍几种早晨10min即可完成的一品配菜。

## 蛋类配菜

家家户户、时时刻刻都有的典型配菜的代表，制作简单，量足味美。

料理时间 5min

### 绿豆黄油煎蛋

**材料（1人份）**

鸡蛋…………………1个
绿豆（冷冻）………2大匙
盐、胡椒粉………各少许
黄油………………2小匙

**制作方法**

1 打鸡蛋，用盐、胡椒粉调味。

2 把黄油放进平底锅里，熔化后，炒绿豆。然后放点油（分量外），把步骤1的材料倒进去，快速炒。

料理时间 3min

### 咖喱拌鹌鹑蛋

**材料（1人份）**

煮过的鹌鹑蛋
（市场出售）…………6个
法式沙拉调味汁
（市场出售）………3大匙
咖喱粉 …………1大匙

**制作方法**

1 把调味汁放进耐热容器里，用微波炉加热1min。

2 把咖喱粉、鹌鹑蛋趁热放入步骤1的材料里，搅拌。然后直接凉凉。

料理时间 10min

### 肉末杏力蛋

**材料（1人份）**

鸡蛋…………………1个
洋葱丝 …………1大匙
混合肉末 …………20g
A 牛奶 …………1大匙
A 盐…………1/4小匙
A 胡椒粉…………少许
番茄酱 …………适量
色拉油 …………半小匙

**制作方法**

1 在平底锅中放入色拉油加热，把洋葱、肉末放进去炒一下，炒到肉末发干。

2 将鸡蛋搅匀后，加入材料A，然后倒入步骤1的材料里。炒时边搅拌边做成杏力蛋状，用小火炒至里面熟透，然后倒上番茄酱。

料理时间 10min

### 小松菜煎蛋

**材料（1人份）**

鸡蛋…………………1个
小松菜 …………1棵
干燥裙带菜 ………少许
A 汤汁 …………半大匙
A 盐………………少许
色拉油 …………适量

**制作方法**

1 将小松菜用水煮一下，注意控水，然后切成易于食用的大小。把裙带菜用水泡一下，然后切碎。

2 打鸡蛋，加入材料A和步骤1的材料，搅拌。

3 在煎鸡蛋容器里倒入色拉油加热，然后把步骤2的材料倒进去，边煎边卷，然后切成易于食用的大小。

## 炼制食品、油炸食品类配菜

鱼糕等炼制食品，搭配自由，量足味鲜，是便当常备食材之一。改变花样，做出不一般的便当。

料理时间 7min

### 鱼肉红薯饼黄油嫩煎

**材料（1人份）**

鱼肉红薯饼 ··········半片
黄油················1小匙
酱油················· 少许

**制作方法**

1 将鱼肉红薯饼切成易于食用的大小。

2 在平底锅里放入黄油，加热熔化后，把步骤**1**的材料的两面煎成焦黄色，然后浇上酱油。

料理时间 5min

### 鱼糕拌干松鱼

**材料（1人份）**

鱼糕················· 适量
干松鱼薄片 ········ 少许
酱油················· 少许

**制作方法**

1 将鱼糕切成薄片，然后切成两半。

2 在干松鱼薄片里浇上酱油，搅拌。然后和步骤**1**的材料凉拌。

料理时间 7min

### 油炸豆腐拌小干白鱼

**材料（1人份）**

油炸豆腐片 ········· 半块
小葱··················· 2根
小干白鱼 ··········· 1大匙
芝麻油 ············· 1小匙
酱油················· 少许

**制作方法**

1 将油炸豆腐片竖着切成两半，然后切成宽1cm的长条。小葱切成小段。

2 在平底锅中放入芝麻油加热，炒步骤**1**的材料。油炸豆腐片炒成金黄色后，加入小干白鱼继续炒。炒至吃起来有嘎吱嘎吱的感觉后，浇上酱油，关火。

料理时间 7min

### 圆筒状鱼糕炒青辣椒

**材料（1人份）**

圆筒状鱼糕 ········· 半根
青辣椒 ··············· 5个
芝麻油 ············· 1小匙
调味汁
（不添加其他东西）···· 1小匙

**制作方法**

1 将鱼糕切成易于食用的小块。青辣椒去蒂后，斜着切成两半。

2 在平底锅中放入芝麻油加热，用中火炒步骤**1**的材料。加入调味汁，炒至汤汁几乎没有的状态。

## 薯类配菜

土豆等薯类即使凉凉之后也是很好吃的，给人以饱足感，非常适合当作便当的食材。非常淡的口味使其可搭配任何配菜食用，所以尽情地配合主菜进行料理吧！

料理时间 5min

### 咖喱奶酪裹土豆

**材料（1人份）**

土豆…………1个（约100g）

A
- 咖喱粉、奶酪粉……各1/3小匙
- 盐……………… 适量

**制作方法**

1 将土豆洗干净，用湿保鲜膜裹上，用微波炉加热2min左右。上下翻一下，再加热1min。

2 剥掉皮后，大概弄碎，然后裹上搅拌好的材料**A**。

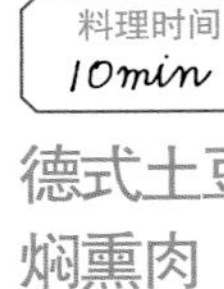

料理时间 10min

### 德式土豆焖熏肉

**材料（1人份）**

土豆………………… 1个
熏肉………………… 1片
盐、胡椒粉……… 各少许
水 ………………… 适量

**制作方法**

1 将土豆去皮，切成7mm厚的圆片，用水冲一下，控水。熏肉切成细丝。

2 在平底锅中放入土豆，撒上盐、胡椒粉，放上熏肉，然后放点水。盖上盖子，用中火焖蒸5～6min。

料理时间 10min

### 土豆炖干虾

**材料（1人份）**

土豆………………… 1个
干虾……………… 1小匙

A
- 汤汁 ………… 2/3杯
- 砂糖 ………… 半大匙
- 酱油 ………… 1小匙
- 盐……………… 少许

**制作方法**

1 将土豆去皮，切成一口能食用的大小，用水泡2min左右。

2 把步骤**1**的材料和虾放进小锅里，加入材料**A**，煮沸后换成小火，盖上锅盖，煮5～6min，然后直接凉凉即可。

★提前做好后，早晨需要热一下。凉凉之后，控除汤汁，再装进便当盒里。

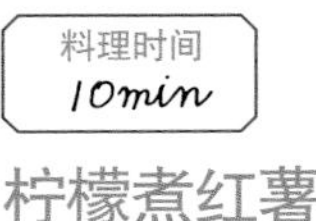

料理时间 10min

### 柠檬煮红薯

**材料（1人份）**

红薯……………… 60g

A
- 汤汁 ………… 2/3杯
- 砂糖 ………… 1小匙
- 酱油 ………… 半小匙

柠檬薄片………… 2片

**制作方法**

1 将红薯去皮，切成1cm厚的圆形，用水泡2min。

2 把材料**A**、红薯、柠檬放入小锅里，煮沸后换成中火，煮5～6min，红薯变软后关火，然后直接凉凉。

★提前做好后，早晨需要热一下。凉凉之后，控除汤汁，再装进便当盒里，非常入味。

## 肉类配菜

肉类食材只剩下一点的时候，分成小份冷冻，可以做一些配菜。尤其是主菜比较清淡的时候，会非常合适。

料理时间 10min

### 芝麻粉凉拌鸡胸肉

**材料（1人份）**

鸡胸肉 ……………… 1块
酒 ………………… 1小匙
调味汁
（不添加其他东西）…… 2小匙
白芝麻粉 ………… 2小匙

**制作方法**

1 将鸡胸肉去筋后，厚的地方切开，切成薄片。

2 把步骤1的材料放进耐热盘子里，洒上酒，盖上保鲜膜，用微波炉加热3～4min。

3 步骤2的材料余热散去后，用手撕开，用调味汁和白芝麻粉凉拌。

料理时间 10min

### 蛋黄酱虾

**材料（1人份）**

去皮虾（小）………7～8个
蛋黄酱 ……………… 适量

**制作方法**

1 把虾用盐水洗一下，吸干水。

2 在烤箱的平板上铺上铝箔纸，把步骤1的虾摆上去。把蛋黄酱挤到虾上，用烤箱烤7～8min。

料理时间 10min

### 里脊猪肉天妇罗

**材料（1人份）**

里脊猪肉薄片 ……… 2片
A
- 天妇罗粉 ……… 2大匙
- 青色海苔 …… 半小匙
- 盐 …………… 1/4小匙

水 ………………… 2大匙
色拉油 …………… 适量

**制作方法**

1 把猪肉薄片切成两半。

2 把材料A和2大匙水搅拌好。

3 在平底锅中放入1cm深的色拉油，用170℃的色拉油炸裹有步骤2的材料的猪肉，炸至材料有酥焦的感觉。

料理时间 10min

### 芥末蛋黄酱烧鲑鱼

**材料（1人份）**

咸甜鲑鱼 ………… 半块
A
- 蛋黄酱 ………… 1大匙
- 芥末颗粒 ……… 半小匙

**制作方法**

1 把鲑鱼切成两半。用烤箱烤3min。

2 将搅拌好的材料A涂到步骤1的鲑鱼的两面，再次用烤箱烘烤2～3min，直至鲑鱼上色。

## 绿色蔬菜配菜

有了以肉类为中心的主菜，再添加一道绿色蔬菜，比如菠菜、小松菜、青椒等，再好不过了。

料理时间 10min

### 菠菜炒小干白鱼

**材料（1人份）**

菠菜……………………100g
小干白鱼…………1大匙
酱油………………半小匙
色拉油…………1/3小匙

**制作方法**

1 将菠菜用开水煮一下后捞到凉水里，切成2cm长，注意控水。

2 平底锅用中火加热后放入色拉油，炒一下小干白鱼。然后加入步骤1的菠菜，混合炒。最后加入酱油调味。

料理时间 10min

### 小松菜拌紫菜

**材料（1人份）**

小松菜………………3棵
酱油……………半大匙
A ┌汤汁…………半大匙
　 └酱油…………半大匙
烤紫菜片…………半块

**制作方法**

1 将小松菜用放了盐（分量外）的开水煮一下后捞到凉水里，注意控水，凉凉。然后切成5cm长。

2 将步骤1的材料浇上酱油，凉拌一下，然后拧干多余的水分。

3 搅拌材料A，和步骤2的材料一起凉拌。然后加入弄碎的紫菜，搅拌。

料理时间 5min

### 咸海带炒青椒

**材料（1人份）**

青椒…………………2个
A ┌咸海带…………1小匙
　 └酒………………1小匙
芝麻油……………少许

**制作方法**

1 将青椒去蒂去籽后，竖着切成两半，再横着切成条状。

2 在平底锅中放入芝麻油加热，炒青椒，然后加入材料A混合炒。

料理时间 10min

### 榨菜拌菠菜

**材料（1人份）**

菠菜………………1/4束
榨菜…………………10g
A ┌酱油、
　 │芝麻油………各半大匙
　 └大蒜末…… 半瓣的分量

**制作方法**

1 将菠菜用放了盐（分量外）的开水煮一下后捞到凉水里，注意控水，凉凉，然后切成4cm长。榨菜切成4cm长的条状。

2 搅拌材料A，然后和步骤1的材料一起凉拌。

# 菌类和海藻类配菜

菌类、海藻类食品热量低、味浓，非常适合做米饭的配菜，少量即可做出很浓的口感。

料理时间
10min

## 山椒粉煮香菇

**材料**（1人份）

鲜香菇 ················ 4个

A
- 汤汁 ············ 1/3杯
- 砂糖、
- 酱油 ········· 各1大匙
- 山椒粉 ··········· 少许

**制作方法**

1 将鲜香菇去根后4等分。

2 把步骤**1**的材料和材料**A**放进小锅里，用中火边煮边搅拌，煮至汤汁几乎没有。

## 舞茸煮咸海带

**材料**（1人份）

舞茸 ·················· 50g

咸海带（细丝）········· 15g

酒 ·················· 2大匙

**制作方法**

1 把舞茸弄成易于食用的大小。

2 把步骤**1**的材料、咸海带、酒放入小锅里，用小火煮。煮出汤汁后，再用中火煮2～3min，直至材料变软。

料理时间
10min

## 金针菇煮梅干

**材料**（1人份）

金针菇 ················ 50g

梅干 ················· 半个

A 酒、料酒 ···· 各1小匙

**制作方法**

1 将金针菇去除根部后弄散。梅干去核后用刀切碎。

2 把步骤**1**的材料、材料**A**放入小锅里，用小火煮，煮至材料变软。

## 煮海带丝

**材料**（易于制作的分量）

海带（除去汤汁）······· 50g

A
- 酒 ·············· 2大匙
- 酱油、
- 料酒 ········· 各半大匙

白芝麻粉 ············ 少许

**制作方法**

1 将海带用剪刀剪成如图所示长4cm的细丝状。

2 把材料**A**放入小锅里搅拌，放入步骤**1**的材料，煮至汤汁几乎没有，然后直接凉凉。最后撒上白芝麻粉即可。

★冰箱可冷藏保存2周以上。

● 忙碌的清晨，可快速制作的

# 饭团大全

饭团最受欢迎的原因就是方便，用手拿着，何时何地都可食用。其携带方便，再搭配1~2种配菜，营养均衡。这里，从常食用的饭团到具有各种变化、含有各种食材的饭团，都做了详细的介绍。使用普通米饭或者什锦饭可做出量大味美的饭团。以下介绍的饭团非常适合做便当。

软软的，易于食用！

## 饭团的制作方法

**从最基本的大米饭开始做起吧！要点有以下3个，只要把握住这些要点，就能轻松做出各种各样的饭团。**

Point 1

### 使用刚做好的米饭

做出好吃的饭团最重要的一点就是使用刚做好的米饭，稍微凉凉，至手可触摸的温度，开始制作吧！但是如果使用保鲜膜包着做时，需要完全凉凉，否则米饭容易闷坏。

Point 2

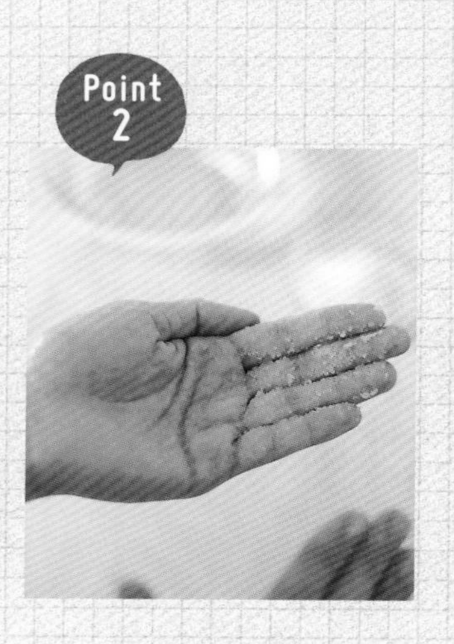

### 首先手上沾上盐、水

做饭团时需要手上沾水，再用4根手指沾上适量的盐之后开始做，如图所示。这样一来，米粒就不容易粘到手上了，饭团凉了也会很好吃，而且盐还可以起到杀菌的效果。

Point 3

### 用力要适当

握饭团时，用力太小的活，米饭和里面的馅容易散，不好吃；用力太大的话，米粒容易破损，口感不好。所以做饭团时，需要外面很结实，里面很松软，因此用力要适当，要均匀。

# 米饭+各种馅

常食用的饭团，都是米饭里放入各种各样口味稍浓的馅做成的。手掌沾水后再沾盐，2/3分量的米饭放到手掌里，使其中心往下凹，放入馅后，放上剩余的米饭，按照p.172的制作要领制作。可用烤紫菜片或者海带在外面再包一下。

## 干松鱼芝麻七味辣椒饭团

**材料（2个的分量）和制作方法**

米饭1碗　盐少许　A（干松鱼薄片适量　白芝麻粉1小匙　酱油1小匙　七味辣椒粉少许）

1 把材料A搅拌好。

2 在米饭凹进去的地方放入步骤1的材料，然后做成三角形。

## 梅干芥末饭团

**材料（2个的分量）和制作方法**

米饭1碗　盐少许　梅干2个　芥末半小匙

1 将梅干去核，大概切碎，和芥末一起搅拌。

2 在米饭凹进去的地方放入步骤1的材料，然后做成三角形。

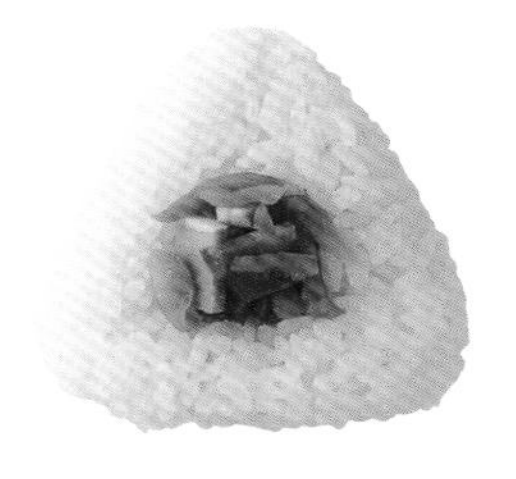

## 榨菜猪肉烧饭团

**材料（2个的分量）和制作方法**

米饭1碗　盐少许　榨菜10g　猪肉烧（3mm厚）1片　酱油半小匙

1 将榨菜、猪肉烧大致切碎，浇上酱油混合。

2 在米饭凹进去的地方放入步骤1的材料，然后做成三角形。

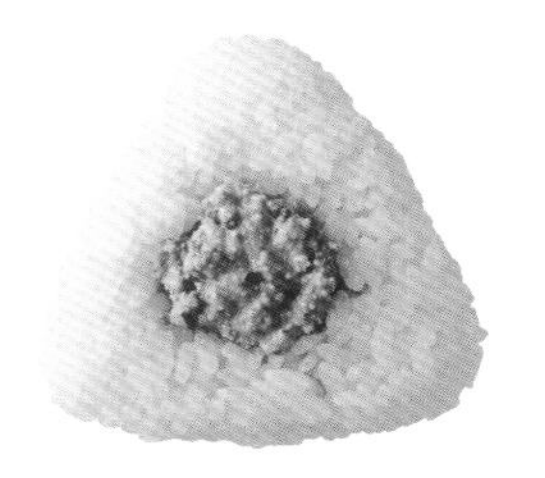

## 蛋黄酱鳕鱼子饭团

**材料（2个的分量）和制作方法**

米饭1碗　盐少许　鳕鱼子1/4盒　蛋黄酱半大匙　豆瓣酱少许

1 用烤网烤一下鳕鱼子，然后加入蛋黄酱、豆瓣酱，搅拌。

2 在米饭凹进去的地方放入步骤1的材料，然后做成三角形。

## 炒高菜饭团

**材料（2个的分量）和制作方法**

米饭1碗　盐少许　腌高菜20g　芝麻油半小匙　A（酒、酱油各半小匙）白芝麻少许

1 将腌高菜洗干净，切碎。

2 在平底锅中放入芝麻油，炒步骤1的材料。加入材料A，混合炒。

3 在米饭凹进去的地方放入步骤2的材料，撒上芝麻，然后做成三角形。

## 奶酪金枪鱼饭团

**材料（2个的分量）和制作方法**

米饭1碗　盐少许　罐装金枪鱼20g　意大利干酪15g　A（酱油半小匙　胡椒粉少许）

1 将金枪鱼控除汤汁，干酪切成5mm宽的块，和材料A一起搅拌。

2 在米饭凹进去的地方放入步骤1的材料，然后做成三角形。

# 什锦饭饭团

做好的馅可事先和米饭搅拌好做成什锦饭，味道均衡，易于食用。常用的馅或者剩余的配菜、冷冻食品等都可以哟，只要是身边有的，都可以尝试组合一下。

## 樱花虾＋海苔饭团

**材料（2个的分量）和制作方法**

米饭1碗　樱花虾5g　青色海苔少许　盐少许

1 把米饭以外的材料都放进米饭里，轻轻搅拌。

2 做成三角形。

## 咸海带＋野姜饭团

**材料（2个的分量）和制作方法**

米饭1碗　咸海带7g　野姜1个

1 把咸海带切成细丝。野姜竖着切成两半，然后切成小块。

2 把步骤1的材料放进米饭里搅拌，做成三角形。

## 梅子＋小干白鱼饭团

**材料（2个的分量）和制作方法**

米饭1碗　腌梅子4个　小干白鱼1大匙

1 将梅子去核后切碎。

2 把步骤1的材料、小干白鱼放进米饭里搅拌，做成三角形。

## 腌萝卜＋青紫苏＋芝麻饭团

**材料（2个的分量）和制作方法**

米饭1碗　腌萝卜适量　青紫苏2～3片　白芝麻适量

1 将腌萝卜、青紫苏都切成细丝。

2 把步骤1的材料、白芝麻放进米饭里搅拌，做成球状。

## 羊栖菜饭团

**材料（2个的分量）和制作方法**

米饭1碗　煮羊栖菜30g　煮汁、盐各少许

1 把煮羊栖菜、煮汁、盐都放进米饭里搅拌，做成三角形。

2 如果有青紫苏，可以切成细丝进行装饰。

## 金枪鱼＋咖喱饭团

**材料（2个的分量）和制作方法**

米饭1碗　罐装金枪鱼50g　A（咖喱粉1小匙　盐少许）　绿豆20g　盐少许　黄油20g

1 罐装金枪鱼控除汤汁时，注意留出1大匙汤汁。一边用平底锅炒金枪鱼，一边用汤汁和材料A调味。绿豆用盐水煮一下。

2 在米饭里放入黄油和少许盐，和步骤1的材料混合，做成三角形。

# 富有变化的饭团

放入馅的饭团用海苔或者腌菜包起来，不容易散开，易于食用。用海苔或者紫苏包起来，更是增添了香味、美味。煎饭团更适合做便当用。

## 小干白鱼＋大葱饭团

**材料(2个的分量)和制作方法**

米饭1碗　小干白鱼15g　芝麻油1/4大匙　大葱细丝1大匙　烤紫菜片适量　盐、酱油各少许

1 将小干白鱼用芝麻油小火炒一下，炒至吃起来有嘎吱嘎吱的感觉。关火后放入大葱。

2 把步骤1的材料、盐、酱油和米饭搅拌好，做成图中的形状，然后用紫菜包起来。

## 卷肉饭团

**材料(2个的分量)和制作方法**

米饭1碗　牛肉薄片2片　A(酱油、酒各1½大匙　砂糖半大匙　大蒜末少许)　色拉油适量　白芝麻适量

1 在平底锅中放入色拉油炒牛肉，加入材料A，混合炒。

2 把白芝麻和米饭搅拌好，用步骤1的材料卷起来。

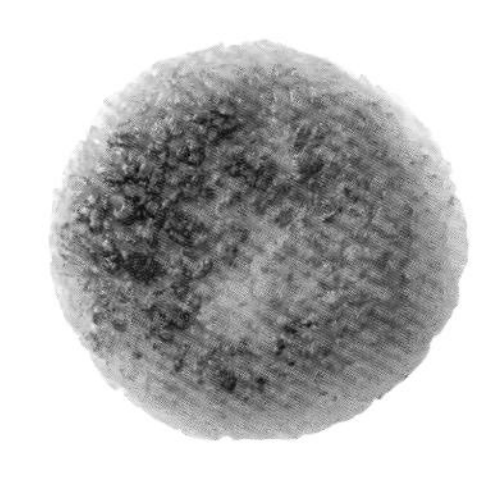

## 煎饭团

**材料(2个的分量)和制作方法**

米饭1碗　海味烹海带少许　黄油2小匙　酱油少许

1 饭团的馅用海味烹海带，然后将饭团做成扁圆形。

2 在平底锅里放入黄油，加热熔化。把步骤1的材料放进去用小火煎，煎至两面呈现焦黄色。煎好后用刷子刷上酱油，然后两面再稍微煎一下即可。

## 鲑鱼＋青紫苏饭团

**材料(2个的分量)和制作方法**

米饭1碗　咸鲑鱼1/4块　白芝麻半大匙　盐少许　青紫苏2片

1 把咸鲑鱼烤一下，趁热撕开。

2 把步骤1的材料、芝麻、盐和米饭混合，做成三角形。然后一片一片地卷上青紫苏。

## 红紫苏粉＋海带饭团

**材料(2个的分量)和制作方法**

米饭1碗　红紫苏粉半小匙　薄海带适量

1 把米饭和红紫苏粉搅拌好，做成扁圆形。

2 把薄海带展开，包上步骤1的材料。

## 金枪鱼＋信州菜饭团

**材料(2个的分量)和制作方法**

米饭1碗　罐装金枪鱼1/3罐　腌信州菜(菜叶部分)2片

1 将金枪鱼控汁后和米饭一起搅拌，2等分后做成扁圆形。

2 把信州菜展开，包上步骤1的材料。

# 食材冷冻的基础知识 2

有了提前做好的主菜，做便当时，也会有点不充分的感觉，比如色彩协调的副菜再做上几个，岂不是更好呢？这时冷冻的蔬菜就派上用场了。提前处理好这些蔬菜，几分钟内就能做出一道便当配菜。

## 蔬菜的冷冻方法

如果蔬菜直接冷冻的话，口感会变得不好。这是因为蔬菜经过冷冻后，周围组织被破坏，解冻时，蔬菜就会变得不水灵，不好吃。因此，蔬菜经过基本加热处理后，一定程度上除去水分后再冷冻，这样，颜色、口味就不会有太大的变化。切碎、用盐揉等，经过一定的处理之后，即使生鲜蔬菜冷冻之后，大部分也是没有问题的。另外，使用冷冻食材做菜时，人们也并不会太在意口感。根据所做菜品的不同，冷冻方法也需要改变一下。

一般蔬菜趁着新鲜经过处理之后再冷冻比较好。为了缩短冻结时间，建议使用金属托盘，以便使食材快速冷冻。一般生鲜蔬菜保存时间大多是1～2周，调味后或者加热处理过的蔬菜一般是2～3周。解冻时，一般是自然解冻或者用微波炉半解冻。当然在冷冻状态下，直接烹饪的也有很多种蔬菜。

### 加热处理蔬菜

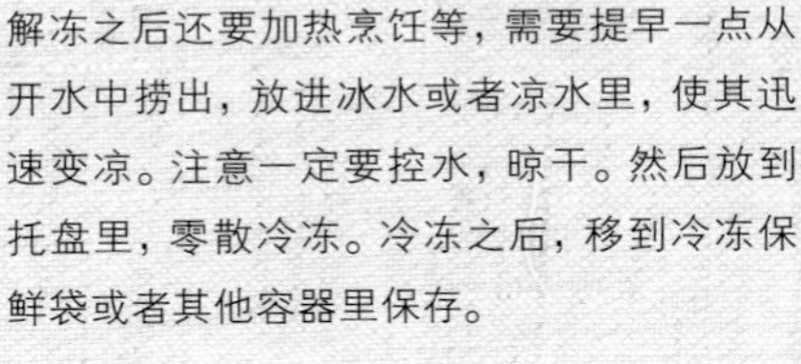

所谓加热处理，就是简单地煮一下。考虑到解冻之后还要加热烹饪等，需要提早一点从开水中捞出，放进冰水或者凉水里，使其迅速变凉。注意一定要控水，晾干。然后放到托盘里，零散冷冻。冷冻之后，移到冷冻保鲜袋或者其他容器里保存。

### 生鲜蔬菜直接冷冻

胡萝卜丝、青椒丝、切好的大葱、番茄等生鲜蔬菜可以直接冷冻。炒菜、煮菜、调味汁用的蔬菜，需要加热烹饪，提前冷冻保存后，用起来会更方便。蔬菜一起冷冻的话，会冻成一大团，用时不太方便。建议擦干水，放到铺有保鲜膜的托盘上，摊开，零散冷冻。

### 放进冷冻保鲜袋里保存

无论是加热处理后冷冻还是生鲜直接冷冻，都需要放到金属托盘上使其快速冷冻，然后移到专用的冷冻保鲜袋里。使用时拿出所需的分量，剩余的也不会因温度升高而受到破坏。保鲜膜或者塑料袋具有透气性，不能防止食品变质，而且一旦冻结容易破损，所以不适宜用来保存食品。

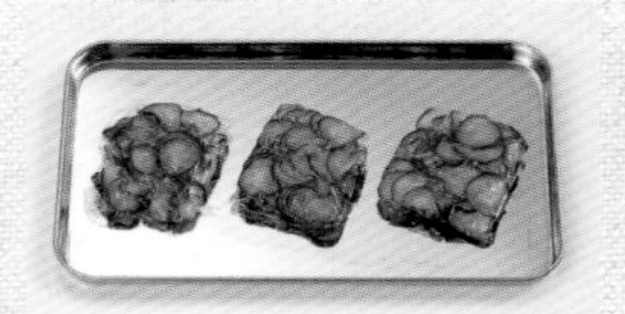

### 分成小份进行冷冻保存

腌黄瓜、煮过的青菜等不能零散冷冻，把每次所用的分量分成小份，用保鲜膜包起来冷冻。另外，如甜煮南瓜等比较适合做便当配菜的蔬菜，将每次的分量放进一个冷冻保鲜容器里冷冻，这样用起来会比较方便。

## 叶类、茎类蔬菜

青菜、卷心菜、白菜、芦笋等一下子买了很多，不能不处理直接冷冻。建议煮一下或者揉盐之后再冷冻，并且需要尽早食用。注意不要煮得太过了。

**保存期限和解冻方法**

- 保存期限：2～3周。
- 解冻方法：常温下自然解冻或者用微波炉半解冻。冷冻的状态下也可直接烹饪使用。

Hint

### ❄ 菠菜、小松菜煮过之后分成小份

菠菜、小松菜等青菜需要快速煮一下，拧干水。按每次使用的分量分成相应的小份，薄薄展开，用保鲜膜包起来，放到托盘上冷冻。关键在于煮时不能太过，需要晾干水。冷冻之后移到冷冻保鲜袋里，除去空气，进行保存。解冻时，可在自然解冻或者半解冻状态下，大致散开，进行烹饪处理。

### ❄ 白菜、卷心菜需要煮一下

把白菜、卷心菜的菜叶一片片地撕下，菜叶和内部的菜心、菜茎分开，分别煮或者蒸一下。菜叶和菜心分开加热，注意柔软的部分不能加热太过了。然后放进冷水里使其变凉，根据料理用途切开。注意控水，然后分成小份冷冻。

Hint

### ❄ 白菜、卷心菜也可用盐揉一下

白菜、卷心菜可以切成细丝，撒上盐，揉一下，直至变软，然后洗干净，好好控水。一般都是自然解冻。注意不要切得太细了，这样一来，解冻时就会黏糊糊的。薄薄地分成小份，用保鲜膜包起来冷冻。可以解冻后或者直接在冷冻状态下进行烹饪处理。冷冻时，可以以1人份或者2人份分开冷冻保存，用起来会比较方便。

Hint

### ❄ 芦笋需要煮一下

将芦笋根部的薄皮剥掉后，去掉叶鞘。切成所需的长度，简单快速地煮一下，放进冷水里使其变凉，放置变色。擦干水，放到托盘里，零散冷冻；或者一根根地用保鲜膜交叉包起来之后，再放进托盘里冷冻。

# 果实类蔬菜

番茄、青椒、茄子、南瓜等果实类蔬菜比较适合冷冻。经过简单处理之后口感、口味会更佳。做便当的蔬菜，最好是零散冷冻之后放进冷冻保鲜袋里保存。每次使用时拿出所需的分量，无论是色彩搭配还是凉拌都是必不可少的。

**保存期限和解冻方法**

- 保存期限：煮过之后是2～3周，生鲜直接冷冻的话是1～2周。
- 解冻方法：常温下自然解冻或者用微波炉半解冻。冷冻的状态下也可直接烹饪使用。

**Hint**

### ❄ 番茄用热水泡过之后去皮切开

番茄去蒂后泡进热水里，然后放进凉水里，之后剥皮。切成1～2cm宽的块状（先切成两半，去籽后再切开），放进冷冻保鲜袋里薄薄地摊平，进行冷冻。完全成熟的口味比较浓的番茄冷冻之后，适合做番茄调味汁、番茄酱、浓菜汤等。

**Hint**

### ❄ 青椒切成细丝后零散冷冻

青椒如果直接在生鲜的状态下冷冻，建议切成细丝后再冷冻。冷冻状态下直接烹饪处理，转眼间即可解冻，口味、口感也不会变化。即使多多少少口感有点变化，一般做成菜品后都不会有什么感觉。切成细丝后，摊到托盘上，冷冻之后移到冷冻保鲜袋或者其他容器里保存。解冻后会黏糊糊的，所以一定要在冷冻状态下烹饪使用。

**Hint**

### ❄ 茄子加热后零散冷冻

用烤箱把茄子加热，加热过程中不断地翻来翻去，直至两面烤成黑色。趁热剥皮后凉凉。去蒂，1个茄子竖着4等分，用手分开。放到厨用纸巾上，自然把水吸干，然后放到保鲜膜上零散冷冻。冷冻之后移到冷冻保鲜袋或者其他容器里保存。

**Hnt**

### ❄ 南瓜蒸过之后零散冷冻

南瓜水煮后容易黏糊糊的，建议蒸一下或者用微波炉加热。用微波炉加热时，最好切成相同的大小，放进耐热容器里，盖上保鲜膜，150g大约需要加热2min。注意加热不能太过了，稍微硬点就停止。凉凉之后，放到托盘上，零散冷冻。冷冻之后移到冷冻保鲜袋或者其他容器里保存。

## 花类、豆类蔬菜

绿色蔬菜的代表就是西蓝花，以及花菜，绿色的荷兰豆、扁豆荚等，既可增添色彩又可调味，也比较适合冷冻。关键是快速煮过之后快速冷冻。青豌豆、蚕豆也是比较适合冷冻的方便食材。蔬菜旺季时，它们是家庭常用常备的蔬菜。

**保存期限和解冻方法**

- 保存期限：2～3周。
- 解冻方法：常温下自然解冻或者用微波炉半解冻。有的菜品可以在冷冻的状态下直接烹饪使用。

### ❄ 西蓝花、花菜需要煮一下

西蓝花、花菜需要一瓣瓣分开，煮一下，捞到竹筐里，凉凉。也可用扇子扇一下快速凉凉。然后用厨用纸巾把水擦干。之后放到铺有保鲜膜的金属托盘上，零散冷冻。冷冻之后移到冷冻保鲜袋或者其他容器里保存。

### ❄ 荷兰豆、扁豆荚需要零散冷冻

荷兰豆、扁豆荚都需要快速煮一下，捞到竹筐里，用厨用纸巾把水擦干。之后放到铺有保鲜膜的金属托盘上，注意不要重叠，上面盖上保鲜膜，零散冷冻。冷冻之后移到冷冻保鲜袋或者其他容器里保存。也可煮过之后切成细丝再冷冻。在冷冻状态下可以直接烹饪处理。

Hint

### ❄ 青豌豆需要剥开

青豌豆需要剥开之后，放进加有盐的开水中煮一下，然后用流水慢慢冲凉。直至完全凉了之后再停止冲水，这样可以防止变色。然后放到竹筐里，晾干。之后放到铺有保鲜膜的金属托盘上，上面盖上保鲜膜，零散冷冻。冷冻之后移到冷冻保鲜袋或者其他容器里保存。这样一来，一粒一粒使用起来也很方便。

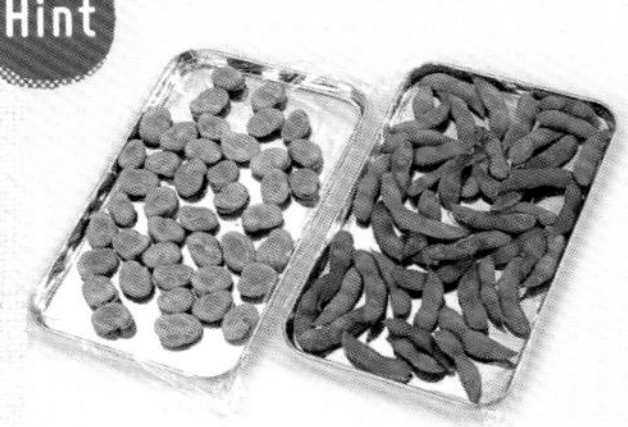

### ❄ 蚕豆、毛豆需要煮一下

蚕豆需要剥开，但是毛豆可以直接完整地揉上盐，然后煮一下，不要煮得太过了。然后捞到竹筐里，注意不要重叠了，快速凉凉。放到铺有保鲜膜的金属托盘上，上面盖上保鲜膜，零散冷冻。冷冻之后移到冷冻保鲜袋或者其他容器里保存。另外毛豆煮过之后剥开，再零散冷冻也可以。

# 根茎类蔬菜

根茎类蔬菜量少时，可以直接炒炒吃，或者做成菜饭、炖菜等。适合做成便当的有很多食材。另外，洋葱作为常备的食材之一，可以切片、切碎之后冷冻，不费功夫，做出各种各样的副菜。

**保存期限和解冻方法**

- 保存期限：煮过之后是2～3周，生鲜直接冷冻的话是1～2周。
- 解冻方法：常温下自然解冻或者用微波炉半解冻。可以在冷冻的状态下直接烹饪使用。

### 胡萝卜在生鲜状态下切成细丝

沿着纤维切成细丝，放到铺有保鲜膜的金属托盘上，零散冷冻。冷冻之后移到冷冻保鲜袋或者其他容器里保存。做炒菜、炖菜等时，可以直接在冷冻状态下使用。冷冻后，其口感不会变化，色彩依然亮丽。它是便当非常重要的配菜之一。

---

Hint

### 莲藕切过之后煮一下

莲藕去皮后，切成5～6mm厚的圆形或者半月形，用醋水泡一下去味。用煮沸的水简单煮一下后凉凉，然后控水、擦干水。放到铺有保鲜膜的金属托盘上，零散冷冻。冷冻之后移到冷冻保鲜袋或者其他容器里保存。

---

### 洋葱炒过之后冷冻

将洋葱切成细丝或者薄片，用色拉油炒一下。炒到刺激味消除，出来甜味即可。撒上盐，完全凉凉。然后平摊到冷冻保鲜袋里冷冻；或者分成小份，用保鲜膜包起来冷冻。这样一来，做炒菜时，转眼间即可做好。

---

Hint

### 洋葱揉盐后可直接生鲜冷冻

将洋葱切成薄片，撒上盐稍微放置一会儿，揉一下，直至变软。然后清洗干净，拧干水，用保鲜膜包起来或者放进小保存容器里，进行冷冻。切成细丝也可以冷冻保存。可以做成沙拉调味汁或者其他口味的调味汁。

# 薯类

无论是生的还是加热之后的，太大不能直接冷冻的土豆，需要磨碎之后再冷冻。红薯需要切成小块，做成炖菜后再冷冻也可以。芋头煮过之后可以完整地冷冻。薯类根据需要冷冻的方法不同，它们都是便当常用的食材。

**保存期限和解冻方法**

- 保存期限：生鲜的话是2～3周，调味或者加热处理之后是3～4周。
- 解冻方法：常温下自然解冻或者流水解冻，也可用微波炉解冻。

Hint

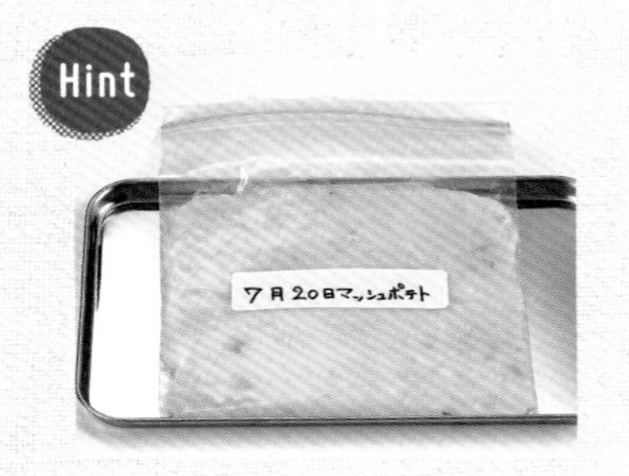


### ❄ 土豆煮过之后冷冻

土豆整个蒸一下，趁热剥皮，然后快速弄碎；或者切成大块煮一下，趁热弄碎。注意擦干水。可以放少许盐调味，凉凉之后，放进冷冻保鲜袋里，摊成薄薄的一层，进行冷冻。可以用筷子把纤维丝去除掉。

### ❄ 建议红薯甜煮一下

红薯甜煮之后，分成小份冷冻。甜煮的方法如下：洗干净的300g红薯，连皮切成1～2cm厚的圆形片，然后和2大匙砂糖、1大匙料酒、一定分量的水、少许盐放进小锅里，慢慢煮。完全凉凉之后，放进存放容器里，冷冻保存。在冷冻的状态下可以直接装进便当盒里。

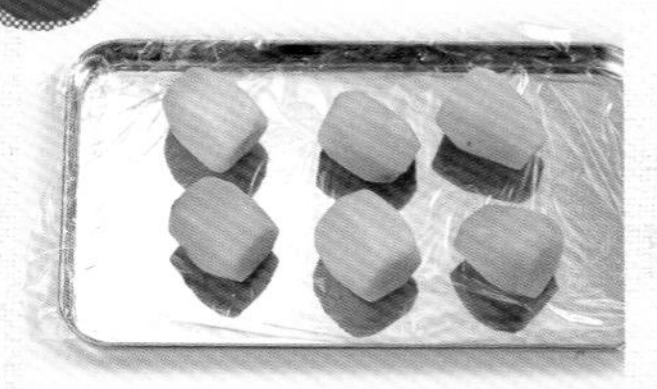

### ❄ 芋头煮过之后再冷冻

把芋头厚厚地剥掉皮，切成适当的大块，撒上盐揉揉，清洗一下。煮一下或者蒸一下，注意里面煮熟。外面不要煮得太烂了，否则不易处理。快速处理过之后凉凉，零散冷冻。另外，煮过的芋头再用调味汁煮过之后冷冻也可以。在这种情况下，连汤汁一起移到冷冻保鲜袋或者其他容器里冷冻。

Hint

### ❄ 薯蓣、红薯需要切成条或者薄片

薯蓣研磨的话，容易产生大量的水分。所以可以切成条或者薄片，放到铺有保鲜膜的托盘上零散冷冻。冷冻之后，移到冷冻保鲜袋或者其他容器里保存。使用时，拿出所需分量在常温下自然解冻即可。可以在冷冻状态下直接切成薄片，放进塑料袋里敲碎使用也可以。红薯基本上也是按照以上的方法冷冻、使用的。

# 菌类

一般不易长期保存的菌类，需要趁着新鲜，在生鲜的状态下直接冷冻。但要注意有水分的话，容易变质变味。解冻后，虽然外观有点不好看，但是风味、口感基本上没有什么变化，而且解冻也不费时间。

**保存期限和解冻方法**

- 保存期限：3～4周。
- 解冻方法：室温下自然解冻或者半解冻状态下直接烹饪处理。从生口蘑、金针菇等可以在冷冻状态下直接烹饪处理。

### ❄ 香菇可以整个或者切成薄片冷冻

香菇去根后，整个摆到铺有保鲜膜的金属托盘上零散冷冻。冷冻之后，移到冷冻保鲜袋里，除去空气后保存。使用时，在半解冻状态下切开进行烹饪处理，或者在冷冻状态下煮、烤等。香菇也可切成薄片冷冻，可在冷冻状态下烹饪处理。

Hint

### ❄ 从生口蘑、金针菇分成小份

从生口蘑去根后分成方便食用的小份，直接冷冻；或者轻煮一下，然后放到铺有保鲜膜的托盘上冷冻。冷冻之后，移到冷冻保鲜袋里，除去空气后保存。金针菇也按照同样的方法冷冻。不管是炒菜还是炖菜时，都可以在冷冻状态下烹饪处理。

Hint

### ❄ 杏鲍菇炒一下

将杏鲍菇切成薄片，用色拉油炒一下，放点盐进行简单的调味，放进冷冻保鲜袋里，除去空气，进行冷冻。冷冻状态下可以直接用于炒菜，用在菜饭、菜肉烩饭当中也非常方便。做煨炖菜、炖菜时，非常适合作为冷冻食材使用。

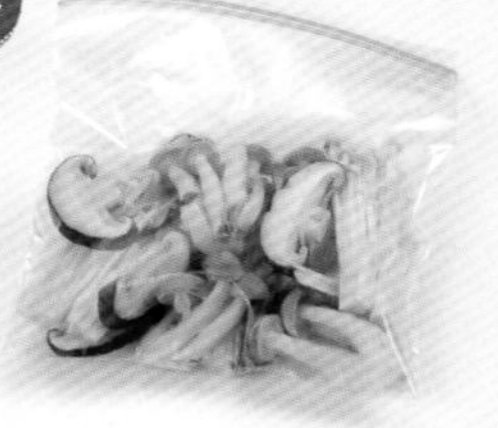

### ❄ 菌类混合冷冻

各种剩余菌类都有的话，可以直接在生鲜状态下，放到铺有保鲜膜的托盘上零散冷冻，然后放进菌类专用的冷冻保鲜袋里，以备使用。可用于煨炖菜或者炒菜等。各种菌类一起食用，美味倍增。为了便于使用，将香菇切成薄片，从生口蘑掰开，冷冻之前注意处理好形状。

## 香味蔬菜

香味蔬菜是不可或缺的一种调味蔬菜。长时间在冷藏室存放时容易变色，不筋道，所以买回来要趁着新鲜冷冻。根据用途简单处理一下，方便以后使用。没有时间的话，可以不处理直接冷冻，然后在冷冻状态下直接使用。

**保存期限和解冻方法**

- 保存期限：3～4周。
- 解冻后可使用。完整冷冻的状态下，可以直接磨碎。

Hint

### 磨碎后分成小份冷冻

生姜、大蒜一起磨碎，根据每次的用量分成小份，摊薄薄的一层，用保鲜膜包起来冷冻。如图所示，每次用量包成1小包，冷冻之后，都放到存放容器里保存，便于以后使用。放进冷冻保鲜袋里时，尽可能弄成薄薄的一层；根据所用的分量，折出折痕，以后用起来会更方便。

Hint

### 摊平冷冻

生姜、大蒜磨碎后，如图所示在保鲜膜上摊成薄薄的一层，根据所需分量折出折痕。为了便于折出折痕，所以要弄薄一点。用保鲜膜包好后，用棒子弄平整即可。这样直接冷冻容易产生异味，所以还需要放进冷冻保鲜袋里。

Hint

### 切成薄片或切碎

生姜切成细丝或者切碎，大蒜切碎或者切成薄片，再冷冻会比较方便。切碎之后需要分成小份，或者放到铺有保鲜膜的托盘上，零散冷冻。冷冻之后，放进冷冻存放容器里冷冻保存。使用时拿出所需分量即可。

Hint

### 大葱、小葱切成小段

大葱、小葱不能长期保存，所以买回来之后切成小段，放到铺有保鲜膜的托盘上，零散冷冻。冷冻之后，放进冷冻存放容器里冷冻保存。解冻之后，多少会有点变干，但是味道是不会变的。可用于炒菜或者肉类料理等当中，口感几乎没有任何变化。

● 用于便当调色的

# 各种彩色食材

装完事先做好的配菜后，色、味不充分的话，可使用市场上出售的各种彩色食材。提前预备一些会比较方便。

## 黄色和橙色

黄色、橙色食材稍微放入一点，整个便当瞬间明亮很多。

### 橘子罐头

放到甜点旁边，增添色彩。控汁后放入纸杯或者硅胶杯里，再装进便当盒里。

### 腌萝卜

亮色食材用起来就是很方便。可选用栀子花等自然食材染色。米饭的边缘摆上这些亮色配菜，瞬间提升了便当的美感。

### 玉米

冷冻玉米或者罐装玉米均可。和黄油一起炒一下，或者和黄油一起用微波炉加热后使用。

### 腌山牛蒡

山牛蒡进行味噌腌制或者酱油腌制后，变成漂亮的橙色。和米饭非常搭配，色彩亮丽，口感完美。

### 嫩玉米

水煮罐装的之外，还有就是市场上出售的少量干玉米。煮一下添上蛋黄酱，或者用盐、胡椒粉炒一下。

### 香蕉

首先连皮洗干净，然后带皮切成圆薄片，放进杯子里，注意不要碰到其他配菜。

### 海苔鸡蛋鱼粉拌紫菜

作为常用鱼粉拌紫菜，可以让便当丰富起来。尤其是配菜稍微不足时，更是显得重要。

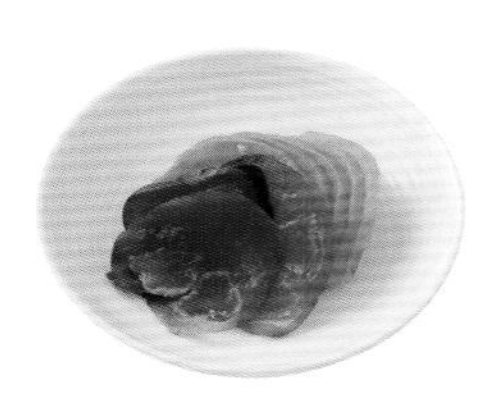

### 味噌腌制物

萝卜、瓜类蔬菜等用味噌腌制后，都变成了漂亮的橙色，放在米饭上，非常养眼。

## 红色和粉红色

通过蔬菜、水果增添一种红色，喜庆漂亮。
粉红色的食材也会经常用到的。

### 鱼松

鳕鱼的肉处理后可做成甜味的鱼松。常用于散装寿司里，撒到米饭上也是很美味的。

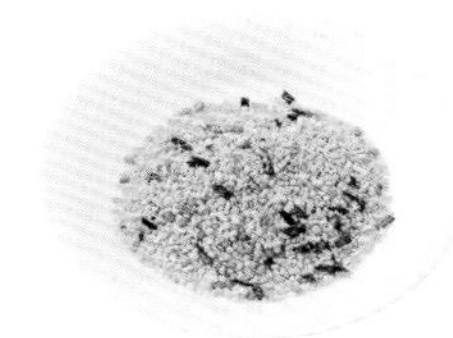

### 鳕鱼子鱼粉拌紫菜

粉红色的鱼粉拌紫菜不仅漂亮，而且增进食欲，非常受欢迎。也有湿润型的鱼粉拌紫菜。

### 红生姜

鲜艳的红色能和便当的其他配菜形成鲜明的对比，尤其比较适合酱油、调味汁类的配菜。也可以和炒面、炒饭搭配食用。

### 蟹味鱼糕

鱼糕容易变味，所以需要加热处理一下。放进煎蛋中，或者和鸡蛋、青菜炒一下，做成健康菜品。

### 圣女果

常用于便当色彩搭配的食材。蒂部容易滋生细菌，所以夏天一般要去蒂后再使用。

### 腌红芜菁

用来增添色彩买来的腌红芜菁，控汁后放进杯子里，也可直接放到米饭上。

### 草莓

放入几颗草莓，瞬间感觉不同。米饭、配菜完全凉凉之后，再放进杯子里，装进便当盒里。建议去蒂后再使用。

### 红紫苏粉

使用于腌制梅干的红紫苏干燥，切碎之后就成了红紫苏粉。可撒到芋头上食用。

### 梅干

在米饭的中间就放置这么一颗梅干，就可作为便当配菜享用了。梅干能够提高便当的保存效果。

### 苹果

带皮的苹果用起来效果会更好。注意连皮清洗干净，擦干之后再切开使用。

### 罐装樱桃

罐装樱桃是增添便当色彩的代表食材之一。控汁后放进杯子里，再装进便当盒里。有点甜甜的，可作为饭后甜点享用。

### 紫苏腌茄子

粉红色与紫色搭配协调，能增进食欲。味道清淡，也可切碎后食用。

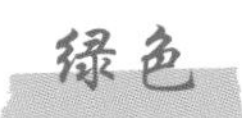

## 绿色

增添一份绿色，便当整体的平衡感就增加了很多。

### 荷兰豆

荷兰豆去蒂和筋后用盐水煮一下，然后用黄油炒一下，颜色会更好看，更绿。当然也可以用微波炉加热。

### 沙拉菜

沙拉菜或者生菜，不仅可以增添色彩，而且用作便当的分割配菜也不错。放到配菜中间，防止串味，提升便当配菜的口感。

### 青紫苏

鲜明的绿色非常漂亮。可用于配菜间的分割，同时具有杀菌效果。

### 毛豆

煮过的毛豆剥开，添加到便当里。冷冻的毛豆也可使用微波炉加热后放到米饭上食用。

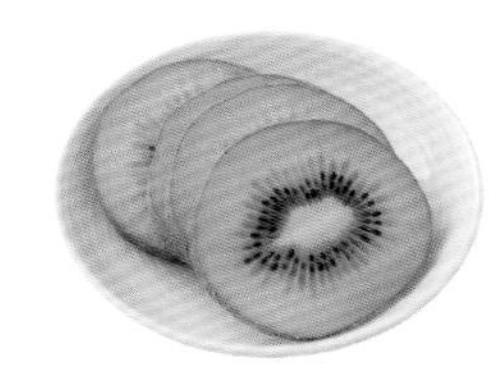

### 猕猴桃

切成圆薄片，放进小杯里。连皮一起放进去时，一定要清洗干净。建议去皮后食用，更卫生。

### 信州菜

拧过之后更易于食用，也可切碎放到米饭上，还可展开用来包饭团。

### 青豆

罐装、冷冻等各种类型的均可使用。放入煎蛋中或者用黄油炒一下。

### 腌青紫苏

青紫苏和腌制的蔬菜作为绿色配菜的代表，便于保存。常备的话，做起便当来会很方便。

### 青色海苔

大阪烧或者炒面中必不可少的食材之一。撒到米饭上，吃起来也会非常美味。

### 芥末鱼粉拌紫菜

不仅淡淡的绿色可以调色，而且辛辣的口感，让米饭的口感变化无穷。

## 黑色、白色和茶色

让人有种朦胧感的便当食材。

### 煮黑豆

黑豆煮过之后味道会有所变化，可以作为小菜品尝。一般市场出售小包的，非常方便。

### 洋李

便当里放点甜点，营养、口感会更均衡。建议使用洋李，可提前购买。

### 烤紫菜片

紫菜烤一下放到米饭上，浇上酱油就成了以前常吃的海苔便当了。也可卷青菜食用。

### 咸海带

咸味充足，和米饭非常搭配。也适合做饭团的馅。还可和煮过的蔬菜凉拌。

### 海带咸烹海味

甜咸味配菜非常适合搭配米饭。可做饭团的馅，也可和煮过的蔬菜凉拌，用途广泛。

### 黑芝麻

和盐一样，是搭配米饭必不可少的食材之一。如果配菜色彩偏白的话，可撒点黑芝麻。除此之外，也可做油炸食物的面衣。

### 胧海带

把大块的海带加工成薄片，非常美味。可和少量酱油一起放到米饭上，也可用来做速溶汤菜。

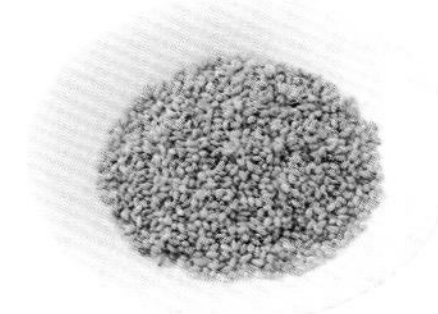

### 白芝麻

和黑芝麻不同，色彩印象弱，可撒到凉拌菜上或者用作油炸食物的面衣。

### 干松鱼鱼粉拌紫菜

酱油和干松鱼是鱼粉拌紫菜中的黄金组合。常用于煎蛋或者油炸食物，尤其是酱油不足的配菜里。

早晨轻松做便当常备的

# 制作工具

接下来介绍一下做便当的常用工具，尤其是早晨做便当时要用到的工具。因为很多配菜需要事先做好后保存起来，所以工具很重要。快速装盒时也会用到各种各样的工具。

## 用于保存的各种便利工具

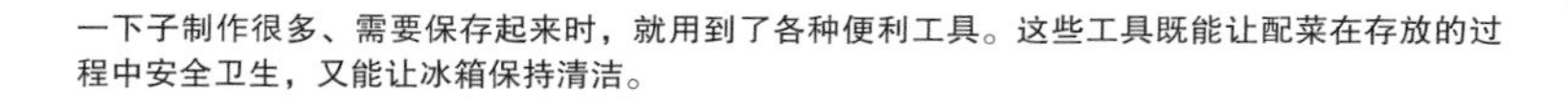
一下子制作很多、需要保存起来时，就用到了各种便利工具。这些工具既能让配菜在存放的过程中安全卫生，又能让冰箱保持清洁。

### 搪瓷存放容器

既卫生又结实的容器再好不过了。一般都是带盖的搪瓷类存放容器，密封性好。搪瓷具有抗酸性，不染色、不变味。其热传导性好，能够快速冷冻。相同尺寸的容器还可以重叠起来。

### 厨用纸巾

做便当过程中总会担心配菜的卫生，比如除油、控汤汁时，用专门的一次性厨用纸巾会很方便的。而且装盒时，还可吸掉多余的汤汁。

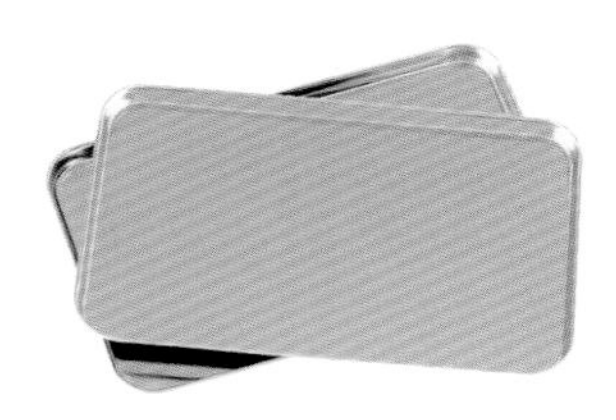

### 金属托盘

食材冷冻最重要的就是让其快速冷冻。放到金属托盘上能够快速把冷气传递给食品，做到快速冷冻。将食品放进冷冻保鲜袋或者塑料制的密封容器里，再放到金属托盘上冷冻会更好。

### 集装型盒子

最近比较受欢迎的就是聚丙烯材质的比较便宜的保存容器。它非常轻便，并且带盖，密封性好。可以用微波炉加热，所以冷冻的食物可以放进容器里直接用微波炉加热。携带水果、点心时尤其方便。

### 冷冻保鲜袋

冷冻保鲜袋也称为储存袋或者制冷袋，是一种比较厚的聚乙烯材质的袋子，并且带拉链。有可用微波炉加热的，也有可往上面写东西的，更有双重拉链的，类型繁多。几乎不占空间，密封性好，用于冷冻保存非常方便。

### 标签

放进冷冻保鲜袋或者密封容器里时，一定要写上食物的名称和存放日期。冷冻后产生的白色雾气会让人看不见袋子里面装的是什么东西，所以必须写上这些内容。一定要准备好标签，养成写标签的习惯，做好后马上贴上去。

### 塑料制的各种密封容器

塑料制的各种密封容器既便宜又轻便，并且是透明的，可以看见里面装的食物，非常方便。有用于小份存放的小型容器，有零散冷冻时可展开使用的扁平型容器，也有盒子一体型容器，根据各自用途，选择相应的容器。选择一些可以重叠摆放到一起的容器，便于整理。

# 装盒时用到的各种便利工具

做好的各种配菜，早晨需要快速、整齐地装进便当盒里时，下面的这些工具就会起到很大作用了。

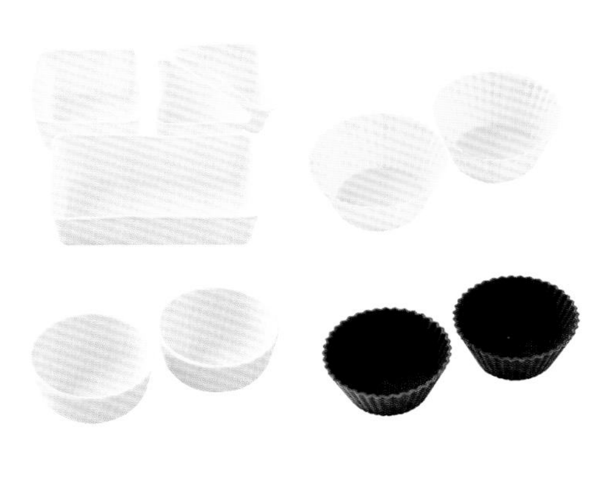

## 铝箔杯

最常用的铝箔杯可以在烤箱中使用。可以用于放烤制的配菜。

## 纸杯

防水的纸杯，色彩、种类繁多。一次性使用比较方便，并且能够给便当带来赏心悦目的效果。

## 硅胶小杯

硅胶小杯可以反复使用，也可以冷冻。所以可做配菜冷冻时的隔板，将每次所用的分量放进一个杯子里，使用时会更方便。可以直接和配菜一起装进便当盒里。冷冻配菜时，可提前分成小份装进硅胶小杯里冷冻，使用时一起拿出来即可。大小、种类很多，非常方便。文中的小杯即硅胶小杯。

## 带图案的铝箔

图中为带有生菜图案的铝箔。其他还有水珠图案的、各种花形图案的等，变化无穷。一般的商店都有出售。这些铝箔可使茶色便当变得色彩丰富起来。

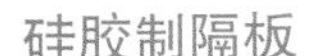

## 硅胶制隔板

把隔板做成生菜叶、白菜叶等可爱的形状，放到配菜之间。因为是硅胶制的，清洗之后可以反复使用，非常方便，而且可以给便当增添色彩。一般市场都有出售。

## 饭团盒

塑料饭团盒正好可以装下三角形的饭团。这样把饭团放进去，再放进包里，饭团形状也不会被破坏。有的饭团盒里面还有放配菜的空间，种类繁多，变化多样。

## 保温桶

如果没有时间，只做了饭团子，这时可以带上汤类。建议使用密封性比较好的便当用的保温桶。

## 便当包袱

用来包便当盒，可防止便当盒打开，流出汤汁。即使有汤汁流出，包袱布也可吸干。平时也可用作餐具垫子。准备几块比较喜爱的吧！

## 制冷剂

用于便当制冷刚刚好。蛋糕、生鲜类食品经常会用到。这些制冷剂一般市场都有出售。建议使用即使冷冻也不会变硬的制冷剂。

## 保鲜袋

便当用的保鲜袋有各种各样的。夏天就不用说了，最近由于冬天房间暖气太足，保鲜袋变得很常见了。和制冷剂搭配使用，效果更佳。

# 料理名称索引

● 按食材类别、音序排列

## 肉、肉类加工品


### ● 猪肉

番茄酱猪肉……22
酱炖猪肉……92
里脊猪肉天妇罗……169
莲藕肉片大杂烩……95
梅干猪肉奶酪卷……23
清炖猪肉……93
糖醋里脊……25
洋葱酱烧炖猪肉……94
炸猪排……21
猪肉大豆萝卜混合炖……94
猪肉炖海带……95
猪肉裹面包糠……24
猪肉酱烧……25
猪肉生姜烧……20
猪肉竹笋春卷……24

### ● 鸡肉

醋腌炸鸡翅……103
咖喱鸡肉……34
咖喱煮鸡肉鹌鹑蛋……103
鸡肉叉烧……100
鸡肉卷蔬菜……33
鸡肉奶汁烤菜……32
鸡胸肉青紫苏天妇罗……35
橘皮果酱烧鸡胸肉……34
梅子野姜凉拌鸡胸肉……140
七味烧鸡肉……35
日式筑前煮……101
土豆炖鸡……102
盐水鸡……102
炸鸡块……31
照烧鸡肉……30
芝麻粉凉拌鸡胸肉……169

### ● 牛肉

丛生口蘑山椒炒牛肉……48
大葱牛肉煮……106
韩式牛肉咸烹海味……107
蒟蒻煮牛肉……109
牛肉蔬菜卷……50
青椒牛肉丝……49
生姜烧牛肉……108
洋葱腌泡牛肉……109
竹笋味噌煮牛肉……108

### ● 肉末

白菜卷肉末……112
高野豆腐夹肉煮……117
鸡肉饼……45
鸡肉松……113
蒟蒻猪肉丸子……116
莲藕夹肉……44
迷你汉堡牛肉饼……41
南瓜肉松煮饭……114
肉末蘑菇咸烹海味……117
烧卖……43
泰国特色烤肉串……45
糖醋丸子……42
土豆炒肉末……115
西式牛肉……44
油炸豆腐卷肉末……116
炸牛肉薯饼……40

### ● 肉类加工品

青辣椒熏肉卷……50
香肠豆类混合辣炒……51
油炸火腿……51


## 海鲜类


蛋黄酱烧旗鱼……56
蛋黄酱虾……169
番茄酱炒虾……54
甘露煮沙丁鱼……122
根菜炖炸鱼肉饼……125
鲑鱼南蛮渍……123
芥末蛋黄酱烧鲑鱼……169
金枪鱼块……125
龙田油炸鲕鱼……59
生姜乌贼烧……59
味噌青花鱼肉松……124
味噌芝麻烧鲑鱼……55
乌贼辛辣煮……124
油炸白身鱼……58
炸什锦虾丸……57
照烧扇贝……58


## 炼制食品


炒鱼肉肠……139
小萝卜凉拌蟹肉棒……139
鱼糕拌干松鱼……167
鱼肉红薯饼黄油嫩煎……167
圆筒状鱼糕炒青辣椒……167


## 蛋类


咖喱白菜蒸锅……134
咖喱拌鹌鹑蛋……166
绿豆黄油煎蛋……166
奶酪杏力蛋……135
日式煎蛋卷……135
肉末杏力蛋……166
小松菜煎蛋……166


## 豆类、大豆加工品


大豆腌泡汁……131
红腰豆沙拉……138
五目豆……60
油炸豆腐拌小干白鱼……167
煮制金时豆……131


## 蔬菜


拌焯烤芦笋……144
扁豆角海苔奶酪卷……145
菠菜炒小干白鱼……170
炒胡萝卜蒟蒻……155
炒黄椒……136
炒莲藕……154
炒萝卜皮……154
炒牛蒡胡萝卜……155
炒茄子青椒……154
炒土豆丝……155
德式土豆焖熏肉……168
炖小松菜……142
咖喱奶酪裹土豆……168
咖喱腌泡红椒……141

海苔凉拌红椒……138
韩式凉拌南瓜丝……137
红紫苏粉凉拌土豆……141
胡萝卜沙拉……134
烤红薯……137
凉拌菠菜……143
萝卜和油炸豆腐炖菜……128
柠檬煮红薯……168
普罗旺斯炖菜……126
青椒拌干松鱼……144
蔬菜大杂烩……127
土豆炖干虾……168
土豆鳕鱼沙拉……140
豌豆角拌小干白鱼……145
味噌腌胡萝卜……136
咸海带炒青椒……170
小松菜拌紫菜……170
洋葱煮小干白鱼……128
油炸胡萝卜……129
油蒸青梗菜……143
炸牛蒡……129
榨菜拌菠菜……170
芝麻粉凉拌西蓝花……142
煮萝卜干……60

## 海藻

山椒海带……130
生姜煮羊栖菜……61
煮海带丝……171

## 菌类

金针菇煮梅干……171
山椒粉煮香菇……171
舞茸煮咸海带……171
香炒菌类……61
香菇蒟蒻辛辣煮……130

## 腌菜

干松鱼芥末腌水菜……150
海带茶腌白菜……150
海带丝腌芜菁……150
红紫苏粉腌萝卜黄瓜……151
基础泡菜……153
酱醋萝卜……152
酱油梅肉腌花菜……152
芥末腌茄子……150
辣油榨菜腌豆芽……151
米醋山椒腌黄瓜……150
柠檬腌芹菜……150
泡菜汁腌白菜……152
日式酱油味泡菜……153
沙拉调味汁腌柠檬味生菜……151
生姜腌青梗菜……151
糖醋芜菁腌菜……152
辛辣咖喱味泡菜……153
辛辣中式口味泡菜……153
柚子胡椒腌零碎蔬菜……151
越南式糖醋腌萝卜胡萝卜……152
榨菜酱油腌黄瓜……152
紫苏糖醋腌山药……151

## 米饭类、面类

炒高菜饭团……173
蛋黄酱鳕鱼子饭团……173
干松鱼芝麻七味辣椒饭团……173
鲑鱼+青紫苏饭团……175
海味菜肉烩饭……63
红紫苏粉+海带饭团……175
鸡肉牛蒡菜饭……62
煎饭团……175
金枪鱼+咖喱饭团……174
金枪鱼+信州菜饭团……175
卷肉饭团……175
梅干芥末饭团……173
梅子+小干白鱼饭团……174
奶酪金枪鱼饭团……173
咸海带+野姜饭团……174
小干白鱼+大葱饭团……175
腌萝卜+青紫苏+芝麻饭团……174
羊栖菜饭团……174
意大利面……64
樱花虾+海苔饭团……174
榨菜猪肉烧饭团……173
中式炒面……65

## 鱼粉拌紫菜

大根菜和干松鱼薄片鱼粉拌紫菜……157
海胆肉松鱼粉拌紫菜……157
海苔鳕鱼子鱼粉拌紫菜……157
黑色鱼粉拌紫菜……156
红色鱼粉拌紫菜……156
绿色鱼粉拌紫菜……156
咸鲑鱼鱼粉拌紫菜……157
油炸小干白鱼鱼粉拌紫菜……157
紫苏小干白鱼鱼粉拌紫菜……157

## 甜点

红茶腌杏干……147
酱油烧煎豆……149
猕猴桃蜂蜜拌奶酪……148
南瓜茶巾绞……149
肉桂香蕉……146
糖裹炸红薯条……147
糖腌圣女果……148
腌泡橘子……146

## 手工速溶汤、汤菜类

海带梅干松鱼汤……165
姜末裙带菜汤……164
芥末玉米羹……165
金枪鱼黄瓜味噌汤……164
梅干贝类汤……164
南瓜汤……164
速溶浓菜汤……165
汤菜……165

备案号：豫著许可备字-2015-A-00000495

**图书在版编目（CIP）数据**

天天不重样的营养便当300款/日本主妇之友社编著；陈亚敏译. —郑州：河南科学技术出版社，2017.10（2019.1重印）
ISBN 978-7-5349-8870-7

Ⅰ.①天…　Ⅱ.①日…　②陈…　Ⅲ.①食谱—日本　Ⅳ.①TS972.183.13

中国版本图书馆CIP数据核字（2017）第193466号

---

出版发行：河南科学技术出版社
　　　　　地址：郑州市经五路66号　　邮编：450002
　　　　　电话：（0371）65737028　　65788613
　　　　　网址：www.hnstp.cn
策划编辑：刘　欣
责任编辑：葛鹏程
责任校对：王晓红　马晓灿
封面设计：张　伟
责任印制：张艳芳
印　　刷：河南瑞之光印刷股份有限公司
经　　销：全国新华书店
幅面尺寸：190 mm × 260 mm　　印张：12　　字数：300千字
版　　次：2017年10月第1版　　2019年1月第2次印刷
定　　价：58.00元

---

如发现印、装质量问题，影响阅读，请与出版社联系并调换。